JN300190

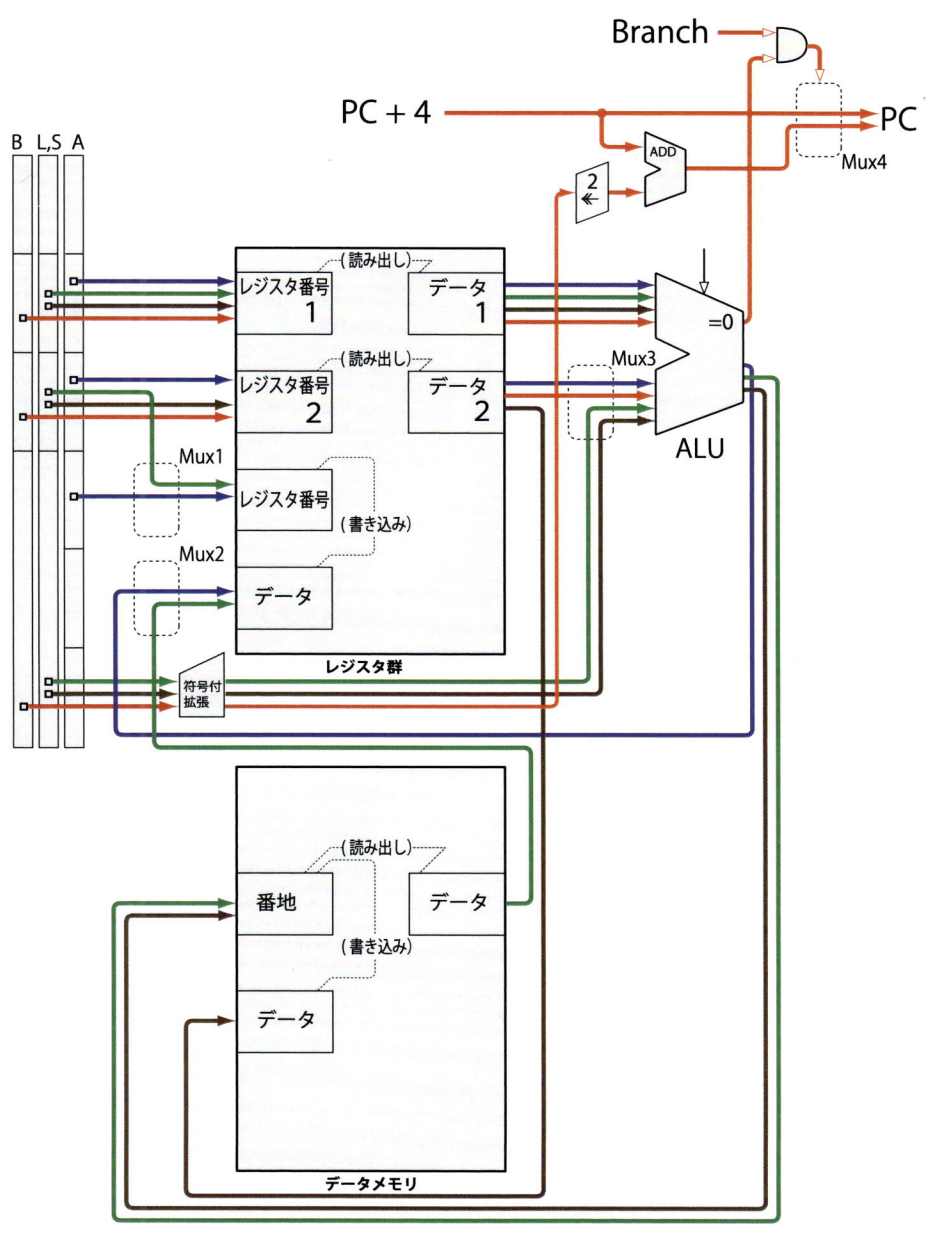

[口絵] 機械語命令はさまざまな情報の流れをつくる（139ページ，図 6.3）

17 電気・電子工学基礎シリーズ

コンピュータ
アーキテクチャ
―その組み立て方と動かし方をつかむ―

丸岡 章 [著]

朝倉書店

電気・電子工学基礎シリーズ　編集委員

編集委員長	宮城　光信	東北大学名誉教授
編集幹事	濱島高太郎	東北大学名誉教授
	安達　文幸	東北大学教授
	吉澤　　誠	東北大学教授
	佐橋　政司	東北大学教授
	金井　　浩	東北大学教授
	羽生　貴弘	東北大学教授

序

　コンピュータの性能の進歩はとどまるところを知らない．米長邦雄元名人は，2012年コンピュータ将棋ソフト「ボンクラーズ」と対戦して破れ，「人間がスポーツカーと競走しているようなもの」と語っている（2012年5月11日朝日新聞）．また，1997年にチェスの世界チャンピオンを破った実績のあるIBMは高性能コンピュータ「ワトソン」を開発し，2012年にアメリカのクイズ番組で歴代の2人のチャンピオンに圧勝した．

　コンピュータのこれらの圧倒的な能力はハードウェアとソフトウェアの想像を絶する性能による．ハードウェアの要であるプロセッサには10億個を超えるトランジスタ（たとえば，インテル社のIvy Bridgeは14億個）が搭載されており，ソフトウェアの中枢であるオペレーティングシステム（OS）は1千万行を超える（LinuxのOSのソースコードは1500万行）．文字通りコンピュータは人類がこれまでにつくったものの中で，その構成の規模や複雑さで他を寄せつけない存在である．

　本書は，並外れた性能をもつコンピュータをどのように組み立て，どのように動かすのかを，予備知識がなくても読み進められるように説明するものである．

　プロセッサは10億個を超えるトランジスタからなり，OSは1千万行を超えるというように，現代のコンピュータは巨大で複雑な代物である．しかしながら，ハードウェアの最小の機能単位であるゲートやコンピュータを動かすプログラムの一つの命令の働きは極めてシンプルである．ハードウェアにしろ，ソフトウェアにしろ，これらのシンプルな機能単位を組み合せて大規模で複雑な全体を組み立てている．この組み立てでとられる手法が**階層化**と**抽象化**である．ある階層の基本コンポーネントを組み立ててモジュールを構成し，そのモジュールを一つ上の階層のコンポーネントとみなして，その階層のモジュールを組み立てるということを繰り返す．ちょうど，数万個の部品からなる自動車をつくるのに，まずエンジン，ブレーキ，ボディを組み立て，それらを組み合せて自動車全体をつくるという手法と同様である．また，抽象化とはある階層のみに注目して，その階層における機能を整理して捉えるという考え方である．運転

者からみると，自動車全体がアクセルやブレーキやハンドルの働きで捉えられ，ブレーキがディスクブレーキかドラムブレーキかを知らなくとも運転に支障はない．これは運転者からみた抽象化の例と言ってもよい．このように階層化や抽象化は，大規模で複雑なものをつくるときの典型的な工学的な手法であるが，コンピュータの構造と働きを学ぶ際にも鍵となる考え方である．本書でも，大規模で複雑なコンピュータをできる限りすっきりと説明するために，階層化や抽象化の視点から捉えることにする．

現代のコンピュータはフォンノイマン型アーキテクチャと呼ばれる構造をしている．本書は，フォンノイマン型アーキテクチャとその働きを説明するものである．本書では特に，学びやすい **MIPS** アーキテクチャと呼ばれるものを取り上げる．ところで，コンピュータのハードウェアとは，具体的には電子回路であり，動作中の電子回路では，0と1の信号が飛び交っている．MIPS アーキテクチャでは0と1の長さが32の系列がかたまりとなって行き来している．プログラムが命令の系列としてメモリに蓄えられ，プログラムの一つひとつの命令の指示に従って，行き来する0と1の系列が電子回路の中で変換されながら超高速でまわっているというイメージである．これをコンピュータの計算と呼ぶ．将棋の元名人やクイズチャンピオンを打ち負かしたのは，すべてコンピュータの計算である．本書では，コンピュータを初めて学ぶ人でもイメージを浮かべながら読み進んでもらえるように，ハードウェアという，固定されていて動きのない構造の説明においても，その上を0と1の信号がどう流れているかを念頭に入れた上で説明するようにしている．すなわち，構造の説明に計算の視点を取り込んで話を進める．また，入門書でありながら，コンピュータの構成の全階層を通して説明し，階層化と抽象化の考え方が具体的な例を通して自然に学べるようにした．また，イメージを思い浮かべてもらうために148の図や表を用いた．

この本を楽しみながら読み進んで，巨大で複雑な現代のコンピュータの構造と働きをしっかりとつかんでもらいたい．

2012年10月

丸岡　章

目　　次

1. コンピュータの構造と働きのあらまし ･････････････････････････････ 1
　1.1　プログラムと計算 ･･ 1
　　　人間の計算とコンピュータの計算 ････････････････････････････ 1
　　　プログラムの例 ･･･ 4
　1.2　フォンノイマン型アーキテクチャ ･････････････････････････････ 6
　　　フォンノイマン型アーキテクチャ ････････････････････････････ 6
　　　ALU ･･･ 9
　　　レジスタ群 ･･･ 9
　　　データメモリ ･･･ 9
　　　命令メモリ ･･･ 10
　　　プログラムカウンタ ･･･ 11
　　　実行制御部 ･･･ 11
　1.3　コンピュータシステムの階層構造と制御 ･･･････････････････････ 12
　　　階層構造と抽象化 ･･･ 12
　　　命令セットの万能性 ･･･ 14
　　　CISC と RISC ･･･ 15
　　　クロック ･･･ 17
　　　単位の表記 ･･･ 18

2. 計算の流れ ･･･ 19
　2.1　データ構造と擬似コード ･･････････････････････････････････････ 19
　　　配列とスタック ･･･ 19
　　　擬似コード ･･･ 24
　　　マージ ･･･ 25
　　　計算に適合するデータ構造 ･･･････････････････････････････････ 30
　2.2　マージソート ･･ 31
　　　マージソートの社員モデル ･･･････････････････････････････････ 31

  マージソートの擬似コード 36
  再帰呼び出しによるマージソートの計算 38
  再帰呼び出しによらないマージソートの擬似コード 42

3. 情報の表現 48
3.1 数の表現と文字の表現 48
  実際のデータの 2 進系による表現 48
  基 数 表 現 48
  文字コード 51
3.2 2 の補数表現 52
  絶対値表現 53
  4 ビットの 2 の補数表現 53
  一般の 2 の補数表現 56
3.3 浮動小数点表現 57
  浮動小数点表現のあらまし 57
  IEEE 標準規格による浮動小数点表現 58

4. 論理回路と記憶回路 63
4.1 論理回路と記憶回路 63
  論理回路と離散回路 63
  記 憶 回 路 66
4.2 論理回路と論理関数 68
  論理回路とリレー回路 68
  論理ゲートの万能性 74
  積和形論理式の簡単化 78
  ド・モルガンの法則 84
4.3 いろいろな機能の論理回路 86
  デ コ ー ダ 86
  マルチプレクサ 86
  一致検出回路 88
  2 進数の加算回路 90
  モジュロ m の加算回路 92

4.4 記憶回路 97
記憶の基本回路 97
ラッチとフリップフロップ 102
クロックと同期 105
メモリの構成 106

5. アセンブリ言語と機械語 111
5.1 フォンノイマン型アーキテクチャ 111
コンピュータの構成 111
命令の3つのタイプ—演算型, 制御型, データ移動型— 114
5.2 アセンブリ言語 115
機械語命令の構成のあらまし 116
演算型, データ移動型, 制御型の典型的な命令 117
5.3 相対番地方式とPC相対 123
5.4 メインメモリのセグメントへの分割 124
メインメモリのバイトアドレスとワードアドレス 124
メインメモリのセグメント構成 126
5.5 機 械 語 129
3つのタイプの命令フォーマット 129
主な機械語命令 131

6. コンピュータの構造とその働きの制御 136
6.1 コンピュータの構造と命令の実行 136
命令実行のサイクル 136
代表的な命令の実行の詳細 137
6.2 命令の実行の制御 148
6.3 命令セットの選択 152

7. 記 憶 階 層 156
7.1 記 憶 階 層 156
7.2 キャッシュ, 主メモリ, 磁気ディスク 159
7.3 プログラムの局所性 161

  7.4 仮想記憶方式 ····································· 165
    仮想アドレスから対応する物理アドレスの計算 ············ 167
  7.5 キャッシュ方式 ····································· 171
    キャッシュの3方式—ダイレクトマップ方式，セットアソシアティブ方式，フルアソシアティブ方式— ······················· 172
    キャッシュ3方式におけるアドレスの構成 ················ 175
    セットアソシアティブ方式のキャッシュの構成 ············ 178

8. コンピュータシステムの制御 ································ 183
  8.1 プログラミングにおける階層化と抽象化 ················· 183
    プログラミング言語の階層 ··························· 183
    コンパイラとインタプリタ ··························· 184
  8.2 マイクロプログラム ································· 188
  8.3 パイプライン ······································ 191
  8.4 オペレーティングシステム ··························· 193
    オペレーティングシステムと割り込み ·················· 193
    オペレーティングシステムによる制御 ·················· 195
    システムプログラム ································ 197
  8.5 ファイルシステム ·································· 198
    ファイルとディレクトリの木構造 ····················· 199
    ファイルシステムのインターフェイスとしての役割 ········ 199
  8.6 入出力装置の制御 ·································· 200

文 献 ·· 203
結びと謝辞 ·· 205
索 引 ·· 207

1 コンピュータの構造と働きのあらまし

　現代のコンピュータはフォンノイマン型アーキテクチャと呼ばれる構造に基づいてつくられている．このフォンノイマン型アーキテクチャの根底にあるアイディアは，人間がなにかの問題を紙と鉛筆を使って解くときのプロセスを観察して得られたものである．フォンノイマン型アーキテクチャの構造と働きのあらましを，人間が問題を解くときのプロセスと対比させながら説明する．

1.1　プログラムと計算

人間の計算とコンピュータの計算

　現代のコンピュータは，天候を予測し，電車の座席の予約をし，コンビニの売り上げデータから売れ筋の商品を割り出し，チェスチャンピオンや将棋の元名人を破り，クイズ番組で歴代のチャンピオンに圧勝する．そして，その情報処理能力は今なお進歩している．このようなコンピュータの圧倒的な処理能力はコンピュータの想像を絶する性能によって支えられている．この処理性能を生み出しているのは，ハードウェアの中核にあるプロセサであり，ソフトウェアの要として働くオペレーティングシステムである．プロセサには10億を超えるトランジスタ（たとえば，インテル社の Ivy Bridge は 14 億個）が搭載されており，オペレーティングシステム OS は 1 千万行を超える（たとえば，Linux の OS のソースコードは 1500 万行）．このようにコンピュータは間違いなく，人類がつくったものの中で，その構成の規模や複雑さで他を寄せつけない存在である．

　しかし，上に述べたようなさまざまの処理能力をもったコンピュータの働きの基本は実はとてもシンプルである．現在のコンピュータはフォンノイマン型アーキテクチャ（von Neumann architecture）に基づいてつくられている．このアーキテクチャという用語はさまざまの意味で使われるが，ここでは，コンピュータをどのような装置をどのように組み立てて働かせるかという，方式を

意味するものとする．フォンノイマン型アーキテクチャは，アラン・チューリング（Alan Turing, 1912–1954）のチューリング機械（Turing machine）と呼ばれるコンピュータの数学的なモデルをもとに考案された．チューリングはこのモデルを考案するに当たって，人間が何かの問題を解くときの様子を参考にした．そのため，現代のコンピュータの働きの根幹には，人間が問題を解くときの振る舞いに相通じるところがある．そこで，人間が何らかの問題を解くことも，コンピュータが情報の処理することも，**計算**と呼ぶこととし，人間の計算とコンピュータの計算を比べながら，コンピュータの働きを説明することにする．

そのために次の計算式を取り上げる．

$$(11 \times 22 + 33 \times 44) \times 5 + 1406.$$

人間は，この式は図 1.1 の流れで計算できることを知っている．この図のボックスは，下から 2 つの値が入力されるとそれらの入力を，加えたり，乗じたりして結果を上から出力するものである．人間は，この図の流れに沿って，下か

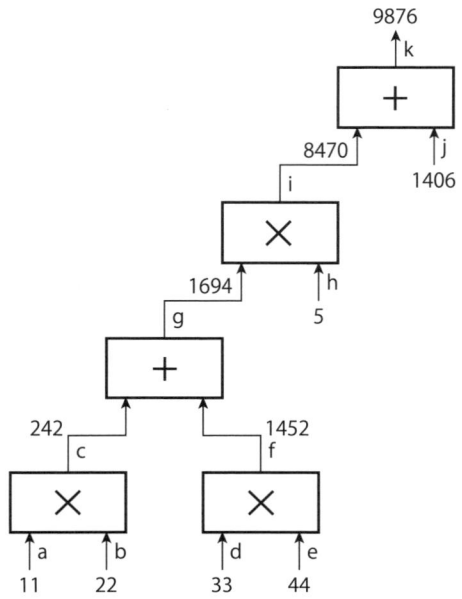

図 1.1　$(11 \times 22 + 33 \times 44) \times 5 + 1406$ の計算のグラフによる表示

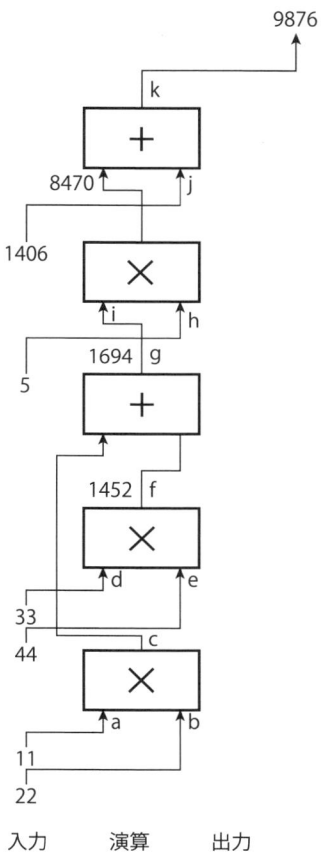

図 1.2 $(11 \times 22 + 33 \times 44) \times 5 + 1406$ の計算の流れ

ら上方に向けて，11×22 や 33×44 などの乗算の結果をメモ用紙に書き留めたりして計算を進め，最終的な答の 9876 を計算する．

　一方，コンピュータが上に述べた式を計算する場合は，この式を計算するプログラムをメモリにあらかじめ蓄えておき，そのプログラムの命令を順次，1個ずつ読み出しては実行するということを繰り返し，式の値を計算する．そのプログラムについて説明するために，図 1.1 の計算を一本の流れとして表したものが図 1.2 である．さらに，図 1.2 の計算の流れは図 1.3 のプログラム風の記述として表される．たとえば，$b \leftarrow 22$ は 22 の値を変数 b に代入することを

式の評価:
1. $a \leftarrow 11$
2. $b \leftarrow 22$
3. $c \leftarrow a \times b$
4. $d \leftarrow 33$
5. $e \leftarrow 44$
6. $f \leftarrow d \times e$
7. $g \leftarrow c + f$
8. $h \leftarrow 5$
9. $i \leftarrow g \times h$
10. $j \leftarrow 1406$
11. $k \leftarrow i + j$
12. k を出力

図 1.3　$(11 \times 22 + 33 \times 44) \times 5 + 1406$ を計算するプログラム

意味し，$f \leftarrow d \times e$ は，変数 d の値と変数 e の値を掛けて，その結果を変数 f に代入することを意味する．$b \leftarrow 22$ も $f \leftarrow d \times e$ も，代入せよということを意味しているので，これらを命令と呼ぶ．このように，プログラムとは命令が一列に並んだものということとなる．

これまで述べてきたように，コンピュータの計算とは，命令の系列として表されたプログラムがコンピュータに与えられ，その命令が順次一つずつ実行されていくことである．

プログラムの例

図 1.3 のプログラムと図 1.2 の計算の流れは，記述の仕方による違いはあるが，実質的には同じ計算を表している．記述上の違いの一つは，図 1.3 のプログラムでは計算は上から下に向かって進むのに対し，図 1.2 の計算の流れでは下から上に向かって進む．これは単に記述の仕方の違いに過ぎない．記述上のもう一つの違いは，計算結果の伝達の仕方に関するもので，図 1.2 では，計算結果は後に必要となる箇所まで線を引いているのに対し，図 1.3 では，計算結果はいったんある変数に蓄え，後に必要となる箇所でその変数を引用している．このように計算をプログラムとして表すと，計算結果を記憶することが必要と

なることに注意してほしい．一般に，大規模な計算では記憶する量も膨大となり，記憶のためのメモリも膨大な規模のものが必要となる．

上に述べたプログラムの例では，プログラムの最初の行から最後の行まで順次各命令を一度ずつ実行して計算は終わる．このようなプログラムで計算できることは極めて限定的である．プログラムの計算が威力を発揮するのは，プログラムの実行する命令を計算結果に応じてダイナミックに選択しながら計算を進めるからである．そのための命令が**分岐命令**（branch instruction）や**ジャンプ命令**（jump instruction）と呼ばれるジャンプ系命令である．

コンピュータを直接動かす命令については，第5章で詳しく述べるが，命令は次の3つのタイプに分けられる．

(1) **演算命令**: 既にあるデータに演算を適用して新しいデータをつくりだす．
(2) **移動命令**: 異なる記憶装置の間でデータを移動する．
(3) **制御命令**: 命令の実行の順番を制御する．

タイプ (1) の演算命令としては，図 1.3 のプログラムの 3 行目 $c \leftarrow a \times b$ などがある．また，タイプ (2) の移動命令の典型的なものは，次節の小節「データメモリ」で説明する．また，タイプ (3) は上に述べたジャンプ系命令がこれに当たる．このタイプの命令は，タイプ (1) や (2) のように，新しいデータをつくったり，記憶場所を変更したりはしない．次に実行する命令を何にするかを制御するだけである．分岐命令は，それまでの計算結果がある条件を満たすときは，命令の中で指定する命令を次に実行し，満たさないときは，現在実行中の命令の次に置かれた命令を実行するというタイプの命令である．このタイプの命令を含むプログラムの例を図 1.4 のプログラムに与える．

図 1.4 のプログラムは $1 + 2 + \cdots + 100$ を計算するものである．変数 i には最初 1 を代入しておき，その後は代入 $i \leftarrow i + 1$ を適用し，1 ずつ増やしながら総和を入れる変数 s に加えていく．ただし，s には最初 0 を代入しておく．問題は，$s \leftarrow s + 1$ から $s \leftarrow s + 100$ までは実行するが，$s \leftarrow s + 101$ は実行しないとする制御である．そこで，条件として $i \leq 100$ をとり，この条件が満たされる限り

$$s \leftarrow s + i$$

総和の計算:
1. $n \leftarrow 100$
2. $i \leftarrow 1$
3. $s \leftarrow 0$
4. $s \leftarrow s + i$
5. $i \leftarrow i + 1$
6. $i \leq n$ のとき，4 へジャンプ
7. s を出力

図 1.4 $\sum_{i=1}^{100} i$ を計算するプログラム

の代入を繰り返すようにしている．図 1.4 のプログラムはこのような考えのもとにつくられたものである．6 行目が分岐命令で，$i \leq 100$ のとき 4 行目にジャンプし，そうではないときは次に 7 行目を実行する．ただし，変数 n にあらかじめ 100 を代入しておいて，条件 $i \leq 100$ は $i \leq n$ と表されている．一般に，分岐命令にはいろいろの種類があり，ジャンプの条件やジャンプ先はいろいろに指定できる．条件がなく，無条件に指定したところにジャンプする命令がジャンプ命令である．この命令の場合は常に指定された場所の命令にジャンプする．分岐命令とジャンプ命令の違いは，ジャンプのための条件があるかないかであるので，分岐命令を**条件分岐命令**と呼び，ジャンプ命令を**無条件分岐命令**と呼ぶこともある．

ところで，実行される命令は "制御をもつ" と解釈される．その命令が，次のステップで実行する命令を決めるからである．そして，命令の間で，"制御を渡す" とか，"制御を受け取る" という言いまわしをする．

1.2　フォンノイマン型アーキテクチャ

フォンノイマン型アーキテクチャ

前節で説明したように，コンピュータの計算とはあらかじめ与えられているプログラムの命令を順次実行することである．フォンノイマン型アーキテクチャとはそのための方式であり，コンピュータをどのような装置で組み立てて，それをどう働かせるかを与える．フォンノイマン型アーキテクチャの大きな特徴

のひとつにプログラム内蔵方式（stored program）と呼ばれるものがある．これはプログラムもデータと同様メモリに格納して，コンピュータはデータもプログラムも区別することなく，書き込みや読み出しを実行できるとする方式である．プログラム内蔵方式を最初に提唱したのはフォン・ノイマン（John von Neumann, 1903–1957）とも言われていたが，最初の発明者はフォン・ノイマンではないという説もある．ただ，この方式を EDVAC 設計プロジェクトの報告書の中でまとめ，最初に公表したのはフォン・ノイマンである．この節では，フォンノイマン型アーキテクチャの大雑把なイメージをもってもらうことを目指す．

図 1.5 にフォンノイマン型アーキテクチャの構成の概略を示す．この構成図では実際のものを大幅に簡単化している．図に示すように全体が 6 つの装置からなり，6 つの装置は，それぞれ実行制御部，プログラムカウンタ（PC），算術論理演算器（ALU），レジスタ群，命令メモリ，データメモリと呼ばれる．この図では省略しているが，これらの装置は実際にはワイヤで結ばれており，そのワイヤを通して信号が行き来する．これらの装置は電子回路で構成されており，信号は電圧の高低として表される．電圧が高いことを 1 で表し，低いことを 0 で表す．

コンピュータで扱うデータはすべて電圧の高低に対応する 1 と 0 で表される．実際は 1 と 0 を何個かまとめて，一つの意味のあるものに対応させる．1 と 0

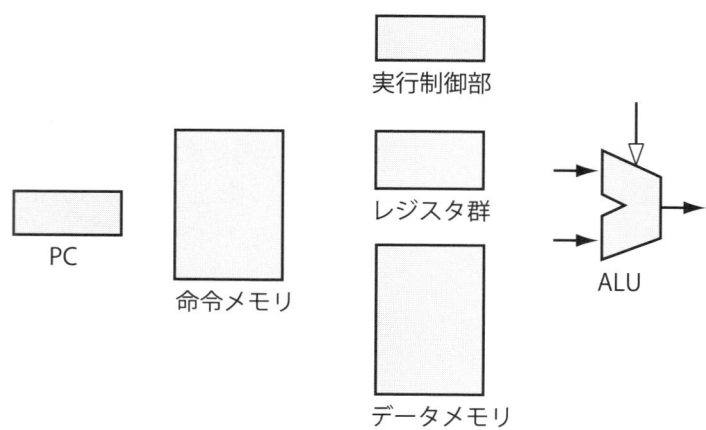

図 1.5　ハードウェアの構成

⋮			⋮	
12	12	13	14	15
8	8	9	10	11
4	4	5	6	7
0	0	1	2	3

図 1.6　メモリのアドレスの割り当て．ただしアドレスは実際は 32 ビットで表されるがこの図では 10 進数で表している．

の系列のことを **2 進列** という．何個まとめるかによりいろいろの単位があり，1個，すなわち，長さ 1 の 2 進列を 1 ビット（bit）と呼び，長さ 8 の 2 進列を 1 バイト（byte）と呼ぶ．さらに，何バイトかをまとめてワード（word）とするが，1 ワードは 2 バイト，4 バイト，8 バイトなどからなる．それぞれ 1 ワードのサイズは，16 ビット，32 ビット，64 ビットとなる．本書では後に述べる MIPS アーキテクチャを前提とするので，1 ワードは，4 バイト，すなわち 32 ビットとする．コンピュータの計算では，実際の数や記号や命令などはすべてバイトやワードを単位として表される．実際のデータをどのように 2 進列として表すかについては第 3 章で説明する．図 1.5 のレジスタ群，データメモリ，命令メモリは記憶装置であるが，これらの装置にはワード単位で 2 進列が蓄えられる．したがって，装置の間をワイヤを通してデータを移動させる場合もワード単位である．ところで，これらの記憶装置にワードを書き込んだり，読み出したりする場合はどの場所に書き込んだり，どの場所から読み出すのかを指定しなければならない．そこでワードが蓄えられる場所に **番地**（address）をつけておき，その番地を手掛かりにワードを指定する．番地はアドレスとも呼ぶ．この番地もやはり 2 進列として表し，その長さを 32 ビットとする．すると，番地の種類は 2^{32}（約 40 億）個となる．ただし，図 1.6 に示すようにこの番地はバイトにつけるものとし，ワードの番地は 4 飛びに 4 の倍数をつけるものとする．したがって，読み出すときに，バイトを単位としても，ワードを単位としても可能なようになっている．ただし，図 1.6 のアドレスは実際は 32 ビットの 2 進列であるが，これを 2 進数として解釈したときの値を 10 進数で表示している．

次に図 1.5 の 6 つの装置を 1 つずつ説明した後に，全体の働きについて説明

する．はじめに取り上げるのが ALU である．

ALU

ALU（Arithmetic Logic Unit）は算術論理演算器と呼ばれるもので，図 1.5 に示した ALU の左側から 2 つの入力が入れられると，それに演算を施し，その結果を右側から出力する．その演算の種類は ALU の上からのワイヤ（矢印の先が白抜きの三角形）を通して指定される．入力と出力の位置関係は，図 1.2 の演算のボックスを時計まわりに $90°$ 回転したものが，ちょうど図 1.5 の ALU に相当する．ALU の上方から入る信号で，加算や乗算などの指定ができるようになっているので，この 1 個の ALU を使いまわすことにより，図 1.2 の 5 回の演算が実行できる．

レジスタ群

レジスタとは 2 進列を記憶できる装置であり，レジスタ群はレジスタが何個か集まった装置である．各レジスタは 32 ビットの 2 進列を蓄えることができ，レジスタ群は 32 個のレジスタからなっているとする．レジスタ群の 32 個のレジスタは用途があらかじめ決まっているものもあるが，ALU へのデータの送受の際のバッファーとして働くレジスタもある．つまり，次に説明するデータメモリに蓄えられているデータはレジスタ群経由で ALU に入力され，計算の結果もレジスタ群経由でデータメモリに蓄えられるというのが一つの典型的な使われ方である．レジスタ群は書き込みや読み出しの動作速度が速いが，記憶量（32 個）は少ない．一方，データメモリは動作速度が遅く，記憶量が膨大である．このようにレジスタ群は一時的な記憶に，データメモリはより長い時間にわたる記憶に用いられる．32 個のレジスタは 5 ビットの 2 進列で指定し，この 5 ビットを通して書き込んだり，読み出したりするレジスタを指定する．ここで，$2^5 = 32$ なので，5 ビットで 32 個のレジスタの内の一つを指定できる．

データメモリ

レジスタ群同様，データをワード単位で記憶する．レジスタ群のところでも説明したように，データメモリは記憶できるワードの個数は膨大であるが，読み出しや書き込みの速度は遅い．そのため，データメモリに蓄えられたデータに対して ALU の演算を施したい場合は，レジスタ群経由で行う．データメモリ

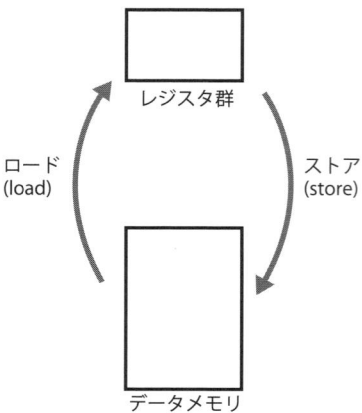

図 1.7　ロードとストア

とレジスタ群の間ではワード単位でデータの移動が行われる．図 1.7 に示すように，データメモリからレジスタ群へ 1 ワード分移動させる命令をロード（load）命令と呼び，レジスタ群からデータメモリに移動させる命令をストア（store）命令と呼ぶ．このロード命令とストア命令が 1.1 節で説明した移動命令のタイプである．

命令メモリ

命令メモリは，記憶される内容がデータかプログラムかの違いはあるが，機能としてはデータメモリと同じで，プログラムの命令を蓄えておくものである．説明を簡単にするためにデータメモリと命令メモリという 2 種類を考えているが，実際のコンピュータシステムでこれら 2 つを別のメモリとするものはまれで，一つのメモリに命令用の領域とデータ用の領域を確保するものがほとんどである．メモリを領域に分けて使うことについては，第 6 章で説明する．

命令メモリの役割はプログラムの命令を蓄えておくことである．プログラムの各命令はそれぞれ一つのワードとして蓄えられる．たとえば，図 1.3 のプログラムの場合は 11 個の連続するワードに蓄えられる．各命令が 32 ビットの 2 進列としてどう表されるかについては第 5 章で詳しく説明する．たとえば，図 1.3 の 3 行目の $c \leftarrow a \times b$ の場合，この命令を表す 32 ビットでは，変数 a, b, c にそれぞれ対応するレジスタ群のレジスタの番号や演算が乗算であることな

どを表している．そして，この命令を実行するということは，aとbに対応するレジスタから値を読み出してALUに入力し，ALUに乗算を実行させ，その結果をcに対応するレジスタに蓄えることになる．この一連の動きを，命令メモリに蓄えられている$c \leftarrow a \times b$を表す32ビットを読み出し，解釈し，実行する．これらのすべての動きをコントロールするのが以下で説明する実行制御部である．この動きができるのは，装置を結ぶワイヤだけでなく，図1.5では省略されているさまざまの装置も必要となる．

プログラムカウンタ

プログラムカウンタとは，次に実行すべき命令の番地が蓄えられる32ビットのレジスタで**PC**（program counter）と表記される．図1.5のコンピュータの構成全体で，プログラムの各命令を一つひとつ解釈し，実行するというサイクルが繰り返される．PCは数をカウントする機能があるものではなく，単に命令の番地が記憶されているレジスタであるので，命令番地レジスタと呼んだほうがいいのかもしれないが，歴史的な経緯でPCと呼ばれている．プログラムの各命令の実行サイクルの最初にPCに入っている番地に蓄えられている命令を命令メモリよりもってきて（フェッチと呼ばれる），その命令を解釈し実行した後で，次に実行すべき命令の番地をPCに入れてサイクルを終わる．通常は，次に実行される命令は実行中の命令の次に置かれている命令であるからPCの内容に4を加える．4を加えるのは，図1.6に示すように，各命令には4飛びの番地がつけられているからである．一方，ジャンプ系の命令の場合は，ジャンプの条件をチェックしたり，その結果に基づいてPCの内容を次に実行すべき命令の番地に更新したりする．

コンピュータの働きを説明するとき，アクセス（access）とフェッチ（fetch）という言葉がよく使われる．この2つの意味には似たところもあるが，アクセスは必要な情報がある場所に"近づいていく"（approach）という意味で，一方，フェッチはそこへ"行って持ってくる"（go and get）という意味で使われることが多い．コンピュータの命令の実行のサイクルの最初に命令メモリから実行する命令を持ってくることは，フェッチと呼ばれる．

実 行 制 御 部

これまでコンピュータを擬人化して，"命令を取り込み，解釈して実行すると

いうサイクルを繰り返す"というように説明してきた．この命令実行のサイクルの実体は，その解釈に従って計算が進んでいるように，各装置を構成している電子回路と相互接続のワイヤをさまざまの2進列が行き交うことである．実行制御部は，図1.5の各装置と2進列の送受をして，命令実行のサイクルが意図したとおりに繰り返されるようにコントロールするものである．この制御を理解するためには，回路の詳しい説明が必要となるので，その説明は第4章と第6章2節に回すこととする．

これまで説明してきたように，フォンノイマン型アーキテクチャの計算の実体は，命令メモリの命令を一つ取り出しては実行するというサイクルを繰り返すと解釈されるような，信号（2進列）が電子回路上で行き交うことである．この信号の流れを命令メモリに蓄えられたプログラム上では，次のようにみえていると解釈することができる．すなわち，プログラムの各行にはランプがついていて，実行中の命令の行のランプは点灯するようになっていて，第1行のランプがついているという状態からスタートして，計算の進行とともに点灯するランプがプログラム上で行ったり来たりし，最後に最終行に至り計算が停止するという解釈である．

1.3 コンピュータシステムの階層構造と制御

階層構造と抽象化

前節では，フォンノイマン型アーキテクチャを説明するために，プログラムの各命令を一つひとつ解釈し，実行するというサイクルの繰り返しに焦点を合せて説明した．しかし，これは大規模で複雑なコンピュータを一つの切り口からみたということに過ぎない．図1.5の各装置をこれまで説明してきたように働かせるために，どのように装置を構成するかという問題は残されたままである．しかし，コンピュータは極めて大規模で複雑であるために，それぞれの切り口で切り分けながら扱わざるを得ない．

コンピュータの**中央処理装置**（**CPU**, Central Processing Unit）はALUとレジスタ群と実行制御部から構成されるが，そのCPUを1個の**VLSI**（Very Large Scale Integration，超大規模集積回路）として集積したものがマイクロプロセッサ（microprocessor）である．典型的なマイクロプロセッサは10億個を超えるトランジスタから構成され，現代のオペレーティングシステム（メモ

リや各種のデバイスなどの資源を，利用者のために管理するソフトウェア）は1千万行を超える．現代のコンピュータは，人間がつくりあげたものの中で最も複雑なもので，全体を詳しいところまで含めて一人の人間が一括して理解することは不可能となる．そこで登場するのが，全体を階層に分けて階層ごとに捉えるという考え方である．

　階層的に組み立てられていることを自動車を例にとって説明する．自動車は何万点もの部品から構成されているが，運転するものにとっては，ハンドル，アクセル，ブレーキなどのわずかな部品の働きを理解しておけばよく，エンジンの構造までの知識はなくても運転に困ることはない．また別の例としてピアノを取り上げると，演奏者にとっては鍵盤，特に黒鍵と白鍵の並びやペダルが重要である．しかし，弦や弦をたたくハンマー，響板などは，演奏するときは意識しなくともよい．鍵盤やペダルは命令セットに対応し，ピアノ本体はハードウェアに対応し，楽譜は利用者が作成したプログラムに対応させることができる．このように極めて大規模で複雑なものは階層的に組み立てられ，取り扱われることが多い．すなわち，ある階層の基本となる機能のコンポーネントを組み合せて高機能のモジュールを構成し，そのモジュールをその一つ上の階層のコンポーネントとみなして，さらに高機能のモジュールを実現するという，**階層構造**である．本書ではこの階層的アプローチがさまざまな場面で登場するので，ぜひしっかりと理解しておいてほしい．

　抽象化というのは，物事を一つの見方からみて，その見方と関係のないことは無視して，全体を単純化して捉える手法である．関係のないことは，"隠される"とか，"隠蔽される"と言われる．この抽象化の考え方も，コンピュータを考える上で，さまざまな場面で登場する重要な考え方であり，階層的アプローチとも関係がある．抽象化における一つの見方とは，階層構造の一つの層に注目することに相当し，その層のコンポーネントとそれらを組み立てて得られるモジュールに焦点を合せる．そして，コンポーネントとモジュールが実現する機能を簡潔に整理して捉える．コンポーネントの機能がその下の層でどのようにして実現されているのかは隠される．階層化と抽象化が完全に行われているとし，階層化の一つの階層に注目する．すると，同じ機能を実現している別のコンポーネントで置き換えても，その階層のモジュールは同じ働きをするということになる．

命令セットの万能性

プログラムの命令として使われるものはコンピュータごとに命令セットとして決められている．詳しくは第5章で説明するが，フォンノイマン型アーキテクチャの場合すでに述べたように，命令は演算命令，移動命令，制御命令の3つのタイプに分けられ，それぞれのタイプの命令も極めて単純なものである．このように単純な命令だけを使って，どんな計算でもプログラムとして記述することができる．一方，チューリングが導入したチューリング機械は機械的な手順で計算できるものは，すべて計算できる計算のモデルである．元々チューリングは"機械的な手順で計算できる"ことを定式化するために，チューリング機械を導入した．本書の範囲を超えるのでここでは省略するが，フォンノイマン型アーキテクチャのコンピュータとチューリング機械は計算能力が同等であることを証明することができる．したがって，フォンノイマン型アーキテクチャのコンピュータは，機械的な手順で計算できることはどんなものでも計算できる．この意味でフォンノイマン型アーキテクチャは**万能**である．ただし，実際のコンピュータの場合，メモリに蓄えることができるワード数には限りがあるので，上に述べた万能性が言えるためには，この制限は取り除かなければならない．しかし，実際に扱うデータについてはメモリ容量の範囲内でしかワードを用いないことがほとんどなので，その範囲では上に述べた万能性が言えることになる．

ところで，上に述べた万能性はコンピュータに関わるいろいろの場面に登場する重要な概念である．本書では第4章で扱う論理回路でも万能性を取り上げる．論理回路とはコンピュータのハードウェアの一つのモデルで，ゲートと呼ばれる基本ユニットが相互にワイヤで接続されたものである．命令セットを決めるのと同様に，何種類かのゲートからなるゲートのセットを決め，このゲートのセットのゲートを相互接続して論理回路を構成する．あるゲートのセットが万能であるとは，入力と出力のどんな対応関係が与えられても，そのゲートのセットのゲートだけを用いて構成した論理回路でその対応関係を計算できることである．第4章では，万能なゲートのセットをいくつか具体的に与える．

この小節を終えるに当たり，フォンノイマン型アーキテクチャの命令セットでは計算できない問題が存在することを述べておく．上に述べたことより，この問題はどんな機械的な手順でも計算することができない問題のことである．そのような問題の一つにプログラムの**停止性問題**がある．プログラムは，その最

初の行から計算を始め，最後の行で計算を終えるものとしよう．一般に，ジャンプ系の命令があるので，実行される命令はプログラム上を行ったり来たりする．プログラムの停止性問題というのは，与えられたプログラムがいずれは停止するのか，永久に動き続けるのかを判定する問題である．単純にプログラムの動きをたどることによりこの停止性問題を解こうとすると，実際に停止する場合は停止と答えられるが，永久に動き続ける場合はいつまでたっても停止しないと答えることができない．停止しないという答えも，計算を終えた上で出さなければならないからである．停止性問題を解く機械的な手順が存在しないことを証明することができるが，このテーマは本書で扱う範囲を超えているので証明は省略する（文献[14]）．しかし，正確に定義される問題の中にはどんなプログラムでも解くことのできない問題が存在することに注意してほしい．

CISC と RISC

この小節のタイトルは命令セットを設計する際の 2 つの方向を示すもので，**CISC**（Complex Instruction Set Computer）は一つひとつの機械語命令に多くの機能をもたせようとするものであり，**RISC**（Reduced Instruction Set Computer）は一つひとつの機械語命令の機能をシンプルなものにするというものである．1984 年にジョン・ヘネシー（John Hennesy）は，RISC の考え方に基づいてマイクロチップ MIPS を開発した．本書は MIPS アーキテクチャを前提としているが，この小節では MIPS がコンピュータの中でどう位置づけられるかについて説明する．

コンピュータのプログラムやアルゴリズムを記述する言語はプログラミング言語と呼ばれる．プログラミング言語は人間がつくった**人工言語**で，日本語や英語などの**自然言語**と対比して捉えられる．自然言語は曖昧さを含んでいるのに対し，プログラミング言語は曖昧さを含まず，記述の仕方や意味することがきっちりと決められている．プログラミング言語は，C や C++ や Java などのような**高水準言語**（high-level language）と機械語コードに近い**低水準言語**（low-level language）に分けられる．高水準言語は人間がアルゴリズムを記述するときに使いやすいようになっており，一方，低水準言語は命令メモリに蓄えられて直接コンピュータを動かす機械語コードやそれに近い言語である．1970 年代頃までは，高水準言語と低水準言語の間のギャップを埋めるように，一つひとつの機械語命令にいかに多くの機能を埋め込むかという目標に向かって進

んできた．この高機能化の流れが上に述べた CISC が指向する方向である．一方，1980 年代に入り，CISC に対抗して唱えられてきた RISC の設計指針に基づいたマイクロチップも作成されるようになった．この流れは，一つひとつの命令を高機能化してもコンピュータの最終的な性能が上がる訳ではないという考えに基づいたものである．たとえば，RISC の命令に比べ CISC の命令が高機能であるため，CISC の 1 命令を実行するのに RISC の 5 命令が必要となると仮定する．一方，RISC の一つひとつの命令は CISC のそれに比べ簡単であるため 1 命令当りの動作時間が 1/10 で済むものとすると，最終的には RISC の性能は CISC の性能の 2 倍ということになる．この簡単な計算が示すように，単位時間当たりに何個の命令の動作を開始できるかで，コンピュータの最終的な性能が決まってくる．当初は RISC マイクロプロセッサでは命令の種類の数が CISC の場合に比べ少なかったため，"reduced instruction set computer" と呼ばれた．また，RISC は，第 8 章で述べるパイプライン処理にも向いているという特徴ももっている．1980 年代後半から CISC と RISC の間の競争は激化したが，現在では CISC の設計にも RISC の考え方が取り入れられたため，両者の違いは少なくなってきた．その上，CISC にはこれまでに蓄積した膨大なソフトウェアが継承できるという利点もあるため，現在では CISC と RISC を対立させて捉えることがあまり意味をなさなくなってきている．コンピュータに関わる方式が実際に導入されるかどうかは，方式自身の優劣とその時代の構成部品の技術レベルの他に，すでに多くのユーザにより利用されているソフトウェアの継承性の観点から決まる．

　本書では RISC の考え方に基づいたマイクロプロセッサ MIPS を取り上げる．MIPS は，一つひとつの命令がシンプルであるだけでなく，命令体系全体が統一した設計方針のもとにつくられているため，コンピュータの構造と働きを学習するにはうってつけであるからである．全体が統一されていることについて一つ例をあげると，MIPS では，すべての命令は同じ長さ（32 ビット）であるが，一般に，CISC の場合はこの性質が備わっていない．

　なお，MIPS という略称は別の意味で使われることもあることを注意しておきたい．**MIPS** は，Million Instructions Per Second の略とし，1 秒当たり実行できる機械語命令の個数を 100 万を単位として表したものである．たとえば，CPU が 1 秒間に 500 万個の機械語命令を実行するとき，性能は 5MIPS とする．しかし，MIPS が必ずしも正確に性能を表すものではないことに注意しな

ければならない．たとえば，一つひとつの命令の機能に違いがあるので，CISC と RISC の性能を MIPS 値で比べても意味をなさない．また，コンピュータの最終的な性能は，コンパイラが効率の良い機械語コードに変換する**最適化**にも大きく依存する．このように MIPS は実際の CPU 性能を表していない場合があることを念頭においてもらいたい．

クロック

コンピュータは，電子回路を通る信号により計算を進める．電子回路全体はいろいろの働きをする部分から構成されており，全体として意図した働きをするためには，ちょうどオーケストラの指揮者の指揮棒のように，全体のタイミングをとる信号が必要となる．その信号がクロックであり，水晶発振器を用いて図 1.8 のような**クロックパルス**を発生させる．水晶発振器を使うのはクロックサイクルの時間幅が正確に一定のクロックパルスを発生させるためである．このクロックパルスを各所に送り，全体としてタイミングをとりながら動作するようにする．なお，クロックパルスで電子回路の動作のタイミングをとる時点は，立ち上りのエッジの t_0，または立ち下りのエッジの t_1 である．このようにして各部分のタイミングをとって動作させる方式を**同期方式**と呼ぶ．本書ではクロックパルスを送るための回路は省略するが，コンピュータは各部分のタイミングがとれた状態で動作するものと仮定する．

図 1.8 の t を**クロックサイクルタイム**（clock cycle time）と言う．クロックサイクルタイムの逆数が**クロック周波数**であり，その単位はヘルツ（hertz, Hz）である．たとえば，クロックサイクルタイムが 10^{-9} 秒のときは，クロック周

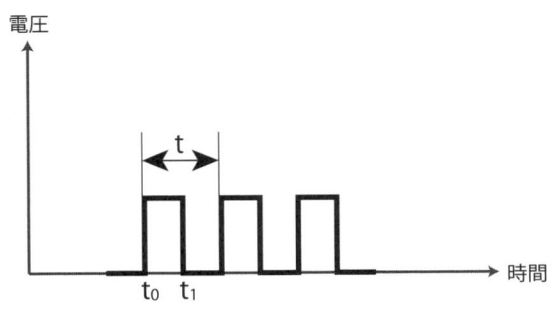

図 1.8　クロックパルス

波数は 10^9 ヘルツとなる．次の小節で説明するように，10^{-9} はナノ（nano），10^9 はギガ（Giga）と呼ぶので，10^{-9} 秒は 1 ns（ナノ秒），10^9 ヘルツは 1 GHz（ギガヘルツ）と表す．命令セットの各命令を実行する所要時間が 1 クロックサイクルタイム（10^{-9} 秒）の場合は，1 秒間に 1 G 個（10^9 個）の命令が実行できることになる．

単位の表記

コンピュータ分野では非常に大きい数や非常に小さい数を扱うことが多い．そのため 10 の冪乗に基づいたさまざまな単位が使われている．図 1.9 にその表記と呼び方をまとめておく．ミリもマイクロも同じ文字 m で始まるので，通常，ミリは m で表し，マイクロは μ（ギリシャ文字）で表す．一方，メモリサイズ（すなわち，メモリに蓄えられるワードやバイトの個数）については 2 の冪乗に基づいたものが使われるため，図 1.9 に表したものから少しずれた値を表す．1 KB のメモリは 1024（$=2^{10}$）バイトを表す．同様に，1 MB のメモリは，2^{20}（=1,048,576）バイトであり，1 GB のメモリは，2^{30}（=1,073,741,824）バイトである．2 の冪乗に基づいた KB や MB などは 2 進接頭辞と呼ばれる．

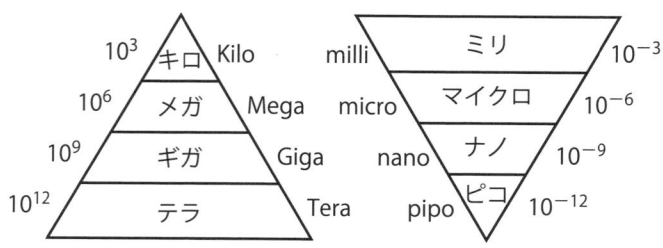

図 1.9　主な単位

2 計算の流れ

　第 1 章で説明したようにフォンノイマン型アーキテクチャの命令メモリに蓄えられたプログラムの命令を順次実行していくのがコンピュータの計算である．フォンノイマン型アーキテクチャを前提とした上で，この章ではスタックと呼ばれるデータ構造を導入することにより，あたかも新しいプログラムを次々と生み出すような計算を実現できることを，マージソートと呼ばれるアルゴリズムを取り上げて説明する．

2.1　データ構造と擬似コード

　この節では，以降の準備としてスタックというデータ構造を説明した後，マージのアルゴリズムを擬似コードを用いて説明する．

配列とスタック

　データの中には，たとえば家系図のような，基本となる個々のデータとそれらの間の関係からなる複合的なものがある．データ構造という用語は，このような複合的なデータとそれに変更を加える操作をセットにして捉えるものである．たとえば，個々のデータが一列に並んだリストの場合は，リストに個別データを追加したり，リストから個別データを削除したりすることが変更の操作となる．

　この小節では配列を用いて，スタックと呼ばれるデータ構造を実現する．配列には要素が一列に並んだ 1 次元のものの他，多次元のものもある．たとえば，学籍番号が 1 から 50 までの学生の成績がそれぞれ 84, 65, 72, ..., 80 であるとき，それを配列 A を使って，$A[1] = 84$, $A[2] = 65$, $A[3] = 72$, ..., $A[50] = 80$ というように表す．ここで，A は**配列の名前**で，$A[i]$ はこの配列の i 番目の**要素**を表す．配列の要素を指定する i を**添字**，または**サフィックス**（suffix）と呼ぶ．配列のサフィックスの範囲は，たとえば，1 から 100 までと

あらかじめ定めている．また，配列の要素を指定するときは1個に限らず，配列のある範囲に渡る要素を指定して表すこともできる．たとえば，上の例の場合，範囲 [1..3] を指定すると，

$$A[1..3] = 84, 65, 72$$

となる．サフィックス i から j までの範囲を $i..j$，または，$[i..j]$ と表すことにする．

次にスタックについて説明する．スタックという用語は記憶の仕方を表す言葉でもある．スタックを説明するたとえとして，海外のカフェテリアでよく見かけるが，皿をまとめて入れておく円筒状のものが用いられる．それは，筒の底に上方に押し出すバネがついていて，その筒に皿を多数積み重ねたものをまとめて入れておき，客は上の皿から一枚ずつ取り出して使うようになっているが，筒の皿が少なくなるにつれ底のバネが効いて，常に筒の上部に先頭の皿があり，取り出しやすくなっている．皿を記憶しておくデータの一つのまとまりに対応づけることによって，スタックの構造と動作がうまく説明される．このたとえからわかるように，スタックは，データを一列に並べて記憶し，データを追加したり，取り出したりするのは，常に一列の並びの一方の端に限られているデータ構造と捉えることができる．

皿の入れ物のたとえを踏まえて，データを一つ追加することをプッシュ（push）と呼び，データを一つ取り出すことをポップ（pop）と呼ぶ．スタックの長さとは，蓄えられているデータの個数とする．スタックの長さはプッシュすると1だけ増加し，ポップすると1だけ減少する．

次にスタックを配列 S を使って実現する．配列 S は n 個の要素からなるとして，$top[S]$ で配列 S の先頭のインデックスを表す．スタックには，配列 $S[1..top[S]]$ の要素が入っており，$S[1]$ を底の要素と呼び，$S[top[S]]$ を先頭の要素と呼ぶ．$top[S] = 0$ のとき，スタックは空であると言われる．スタックに加えられる操作は以下に示すプッシュ（push）とポップ（pop）である．プッシュは，あるデータ x をスタックに追加し，この追加されたデータを指すように top を変更する．また，ポップは，先頭の要素を一つ取り出し，top は取り出された要素の次の要素を指すように変更する．ポップの操作を実行するためには，スタックは少なくとも一つの要素をもっていなければならない．このことをチェックするために，スタックが空か否かを判定する操作 STACK-EMPTY も必要と

なる．以下にこれら3つの操作を定義しておく．

STACK-EMPTY(S):
1. **if** $\text{top}[S] = 0$
2. **then**
3.   **return** TRUE
4. **else**
5.   **return** FALSE

これはスタック S が空かどうかをチェックするもので，空であれば TRUE を，空でなければ FALSE を返す．ここで，**return** はこの操作を終了して **return** の次に記述されたもの（この場合は，TRUE か，または，FALSE）をこの手続きを呼んだ側に返すことを意味する．

 同様に，プッシュとポップはそれぞれ次のように定義される．

PUSH(S, x):
1. $\text{top}[S] \leftarrow \text{top}[S] + 1$
2. $S[\text{top}[S]] \leftarrow x$

POP(S):
1. **if** STACK-EMPTY(S)
2. **then**
3.   **error** "アンダーフロー"
4. **else**
5. $\text{top}[S] \leftarrow \text{top}[S] - 1$
6.   **return** $S[\text{top}[S] + 1]$
 ① ② ③

 これらの操作が何を意味するかは，それぞれ図 2.1 と図 2.2 をみれば明らかであろう．PUSH(S, x) はスタック S の先頭に x を追加し，それをスタックの先頭とする（したがって，スタックの長さは 1 だけ増加）操作であり，POP(S) は，スタック S の先頭の要素を取り出し（したがって，スタックの長さは 1 だけ減

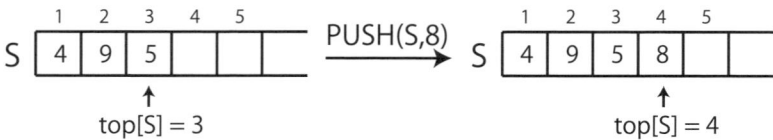

図 2.1 プッシュの例．値 8 を追加しそれを新しく先頭とする．

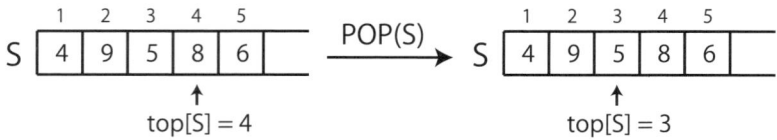

図 2.2 ポップの例．先頭の値（この場合は 8）を返し，先頭をひとつだけ底寄りにシフトする．

少），その値を返す操作である．ところで，PUSH(S, x) の S と x や，POP(S) の S はオペランド（operand）と呼ばれる．一般に，オペランドとは命令が実行される対象のことである．これまで説明してきたように，スタックではプッシュもポップもスタックの先頭で行われるので，後に入れたものが先に取り出される．このため，スタックは **last-in, first-out** の記憶方式と呼ばれる．

このポップの計算の流れを図 2.3 に表してある．このような図は，流れ図，または，フローチャート（flowchart）と呼ばれる．図 2.3 は **if-then-else** の制御構造を表している．ポップはスタックの先頭の要素を取り出すのであるが，そのスタックが空であった場合は取り出しようがないので，まず，スタックが空であるかどうかをチェックする．そのとき用いるのが先に定義した STACK-EMPTY(S) で，これが TRUE を返すか，FALSE を返すかにより，それぞれ YES か NO かの分岐が起こる．NO の場合は，スタックが空ではないので，top[S] の値を 1 だけ減じた後，減じる前に先頭の位置にあった要素の値を返す．一方，YES の場合は，NO の場合のように top[S] の値を減じるとサフィックスの 1 から始まる範囲が下方に飛び出してしまうので，"アンダーフロー"（underflows）と出力して動作に誤りが生じたことを知らせる．なお，図 2.2 のようにポップが実行されて先頭がサフィックス 4 から 3 へ後退した後も，4 の場所にあった 8 はそのままにしておいても一向に構わない．この場所がプッシュの操作で将来使われるときは，図 2.1 の場合のようにそこに上書きされるだけだからであ

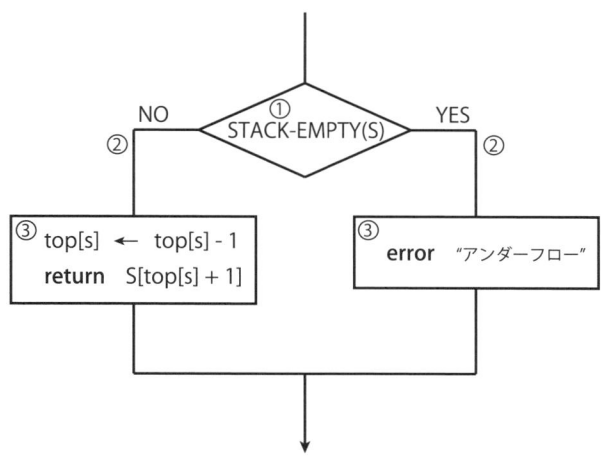

図 2.3 ポップのフローチャート

る．ここでは省略しているが，スタックを配列（長さは有限）で実現する場合，動作の誤りはプッシュの場合にも起こり得る．というのは，スタックを実現するために使っている配列のサフィックスは上限があらかじめ設定されているので，計算の成り行きによっては，プッシュの操作が多数起こり，スタックの長さがあらかじめ定めた上限を越えてしまう可能性があるからである．そのためプッシュを実行する前に，先頭のサフィックスに 1 を加えてもこの上限を飛び越さないことをチェックする必要がある．この上限を越す場合は，"オーバーフロー"（overflows）と出力して動作に誤りが生じたことを知らせるようにする．しかし，ここではこのチェックは省略している．なお，POP のプログラムに現れる①，②，③については次の小節で説明する．

ところで，一般にデータが蓄えられている場所を表す記号の系列をポインタ（pointer）と呼ぶ．たとえば，スタック S の先頭のインデックスを表す $\mathrm{top}[S]$ はポインタである．場所とは，この例のようにサフィックスの場合もあるし，番地の場合もある．記号の系列 $\mathrm{top}[S]$ と書くだけで，プッシュやポップの操作で変化していく先頭の，その時点での場所（サフィックス）をつかまえることができる．

擬似コード

本書ではアルゴリズムの説明をするのに，擬似コードと呼ばれるものを使う．上に述べた STACK-EMPTY(S), PUSH(S, x), POP(S) はいずれも擬似コードで表されている例である．プログラムは，一つのプログラミング言語で書かれており，コンパイルして実行可能な機械語コードに変換することができるが，擬似コードの場合はこれができない．擬似コードはあくまでもプログラムの計算の流れについてのアイディアを表すためのものであり，このコードでコンピュータの実行を考えている訳ではない．同じようにアルゴリズムを説明するものとしてフローチャートがあるが，フローチャートが流れ図という表現形式をとるのに対し，擬似コードはプログラム風に何行かに渡って記述される．

ここで擬似コードについて簡単にまとめておく．

1. 擬似コードは，名前とそれに続く **1** から始まる行番号の打たれた本体からなる．擬似コードは明確にわかりやすく書かれたものであれば何でもよく，プログラミング言語の **if-then-else** や **while-do** などの制御構造を使って表してもよい．

2. 擬似コードは手続き（procedure）として扱われる．ここで，手続きとは一区切りのまとまったプログラムである．手続きに関して重要なことは，その手続きを呼び出したいプログラムの中で，その手続きの名前を書くと，手続きのコード本体が呼び出されて実行されるようになっているということである．このような手続きの呼び出しで，計算がどのように進むかを理解するのは簡単ではないので，2.2 節で具体例を用いて詳しく説明する．このように，呼び出す側のプログラムと呼び出される側のプログラムがある場合は，先に説明したオペランドは，引数（argument）と呼ばれる．この引数を通して，呼び出す側と呼び出される側で情報の授受が行われる．すなわち，この引数を通して呼ぶ側は呼ばれる側に値を送り，呼ばれた側はその値に基づいて計算し，一般に，計算結果を呼んだ側に返す．このように，オペランドは実行対象ということを意識した用語であり，引数は，呼ぶ側と呼ばれる側の値の受け渡しということを意識した用語である．たとえば，変数 x の値を返すときは，**return** x と書く．計算をするだけでそのような値を返さない場合もある．また，STACK-EMPTY(S) の S は，このコードを定義するときに形式的に用いた引数であるので，仮引数（formal

argument）と呼ばれる．これに対して，このコードを呼ぶときは，実際に空チェックをしたい引数をこの S の代わりに書く．この引数のことを**実引数**（actual argument）と呼ぶ．
3. 一般に，$x \leftarrow y$ は変数 x に変数 y の値を代入することを表す代入文である．このように代入文の変数は，$\leftarrow$ の左側では値を入れておく"場所"を意味し，右側では場所に入っている"値"を意味していることに注意してほしい．上のスタックのコードでは，$\mathrm{top}[S]$ や $S[\mathrm{top}[S]]$ はそれぞれ一つの変数とみなすこととし，上に述べた代入文の解釈がそのまま適用される．
4. POP(S) の擬似コードを例にインデントについて説明する．このコードには，①，②，③の3つのレベルのインデント（indent，字下げ）がある．ポップのコードや図2.3のフローチャートには，①，②，③や縦のラインがあるが，これらは説明のためのものであって，実際の表記には現れない．インデントでは同じレベルのものは一つのまとまりとして解釈され，各命令のレベルによって実行される内容が異なってくる．このコードの5行目と6行目では，$\mathrm{top}[S] \leftarrow \mathrm{top}[S] - 1$ と **return** $S[\mathrm{top}[S] + 1]$ が同じインデントなのでひとまとまりと解釈される．したがって，**else** のとき，すなわち，スタック S が空ではないときは，この2つの文が引き続いて実行される．しかし，もし6行目の **return** $S[\mathrm{top}[S] + 1]$ がレベル①から始まるものであったとすると，この **return** $S[\mathrm{top}[S] + 1]$ は，**if-then-else** の **else** 部分から飛び出して，**if-then-else** 文全体を実行した後に実行されることになる．この変更を図2.3のフローチャートで表すと，**return** $S[\mathrm{top}[S] + 1]$ を現在のボックスから除き，YES の流れと NO の流れが合流した後に実行されるように書き換えられる．このように擬似コードに同じ行が並んでいても，インデントが違うと，実行される内容も違ってくるので，インデントには細心の注意を払ってほしい．

マージ

この小節では，スタックを用いたマージのアルゴリズムを擬似コードを与えて説明する．

マージ（merge，併合）とは，大きさの順に並んだ2つのリストを併合して大きさの順に並んだ一つのリストにすることである．図2.4に，大きさの順に整数の2つのリスト A と B をマージしてリスト C をつくる過程を示してある．

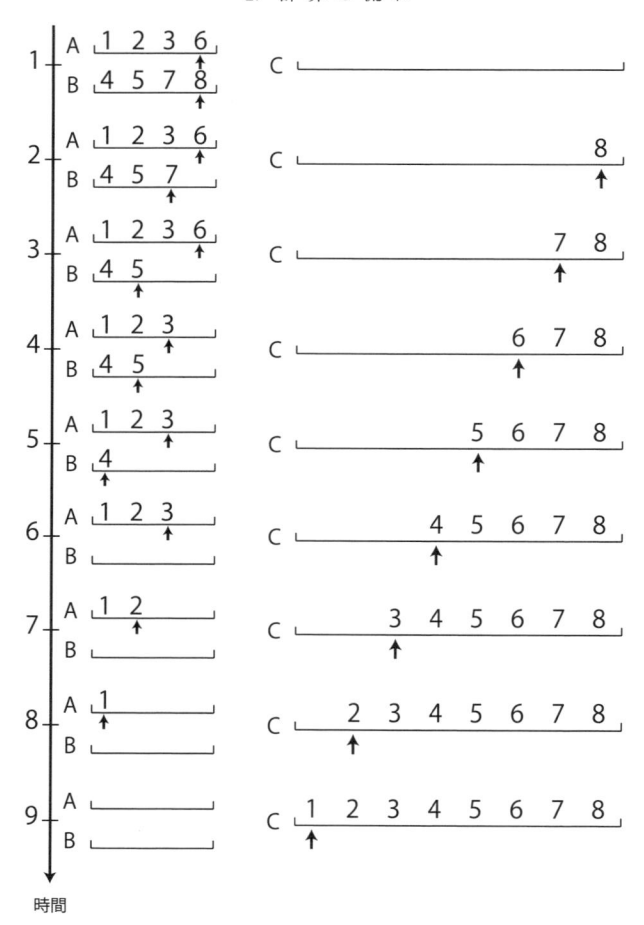

図 2.4 マージの計算例

この図では，A, B, C をスタックとみなし，先頭を矢印で指している．リスト A と B では，小さい整数から大きい整数に並んでいるので，全体として一番大きいものは A と B の先頭の大きい方である．この図の最初にリスト B の要素 8 がリスト C に移ったのは先頭同士を比べ大きい方の先頭をポップし，そのポップしたものをリスト C にプッシュしたからである．以下，同様の操作を繰り返し，マージしている．

わたし達にとって図 2.4 の例をみればこのマージアルゴリズムの計算はすぐ

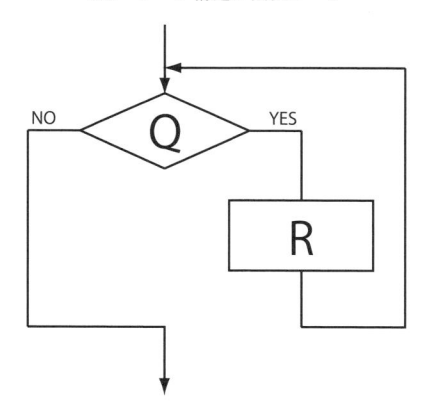

図 2.5 while Q do R のフローチャート

に理解できる．そこで，この図から思い浮かぶ手順を擬似コードとして表してみる．そのために **while-do** の制御構造を使うことにする．この制御構造

$$\textbf{while } Q \textbf{ do } R$$

は，図 2.5 のフローチャートに示すように，条件 Q が成立する間繰り返し R を実行することを意味する．この制御構造を使うと，マージアルゴリズムを擬似コードとして次のように表すことができる．ここで，A, B, C はスタックである．

MERGE(A, B, C):
1. while $\neg$STACK-EMPTY(A) かつ$\neg$STACK-EMPTY(B)
2.   do
3.   if $A[\text{top}[A]] \geq B[\text{top}[B]]$
4.   then
5. $x \leftarrow \text{POP}(A)$
6.   PUSH(C, x)
7.   else
8. $x \leftarrow \text{POP}(B)$
9.   PUSH(C, x)
10. while $\neg$STACK-EMPTY(A)

11.	**do**	$x \leftarrow \mathrm{POP}(A)$
12.		$\mathrm{PUSH}(C, x)$
13.	**while** ¬STACK-EMPTY(B)	
14.	**do**	$x \leftarrow \mathrm{POP}(B)$
15.		$\mathrm{PUSH}(C, x)$

　上の擬似コードに対応するフローチャートを図 2.6 に与える．このフローチャートには，図 2.5 に与えている制御構造 **while** Q **do** R の R のボックスに **if-then-else** の構造が組み入れてある．このようにある制御構造の一つの構成要素に別の制御構造全体が組み込まれるような構成をネスト（nest），または，入れ子構造と呼ぶ．この入れ子構造はコンピュータのさまざまの分野で現れる重要な構造である．この章で後で扱う再帰呼び出しでは入れ子構造が何階層にも渡って現れる構造がみられる．

　次に，上に述べた擬似コードの動作の概略を説明する．図 2.6 のフローチャートも参照しながら動作をたどってほしい．図 2.4 の例からもわかるように，スタック A も B も空でない限り，先頭の大きい方（正確には小さくはない方）をスタック C に移動することを繰り返す．ここで，A と B のスタックの先頭の大きい方を選択するために，**while** の繰り返しの中に **if-then-else** の構造を入れているために入れ子構造となっている．なお，詳しくは後で述べるが，¬STACK-EMPTY はスタックが空ではない条件として働く．ここで，¬ の記号をつけることにより"空である"という条件が"空でない"という条件に変わる．A と B のどちらかのスタックが空となった時点（図 2.4 の場合は，時刻 6）で，この繰り返しを終了する．この終了の時点では，一方のスタックが空で，他方のスタックは空ではない．この時点から，スタック A に続いてスタック B の順序で，スタックが空でない限りスタックの要素をスタック C に移動するということを繰り返す．ここで，2 つのスタックの内の空となっているスタックについては要素の移動はない．というのは，**while** の繰り返しの条件が NO となるからである．

　結局，空ではない方のスタックの内容がそのままスタック C に移動されることになる．ところで，スタックが空ではないことを表す条件として用いている ¬STACK-EMPTY は，本来ならば，STACK-EMPTY のコードにおいて，TRUE と FALSE を入れ替えたコードで定義しなければならないものである．

2.1 データ構造と擬似コード

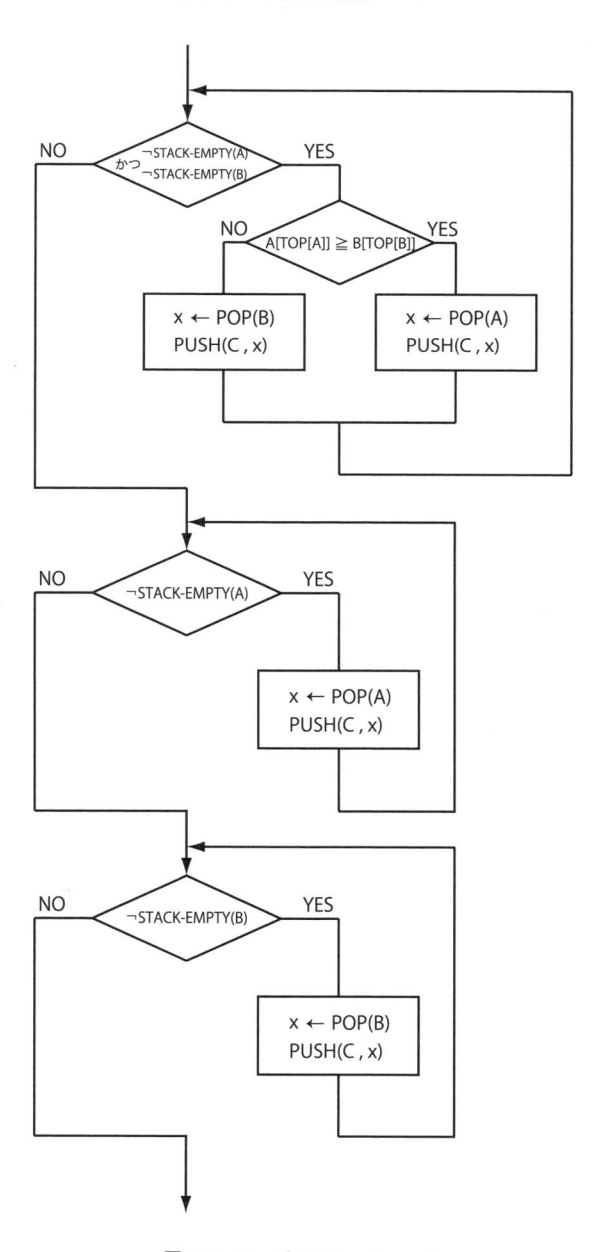

図 2.6 マージのフローチャート

しかし，第4章で説明するようにTRUEとFALSEの入れ替えの操作を¬という記号で表すので，スタックが空ではないときTRUEを返し，空のときFALSEを返す擬似コードを¬STACK-EMPTYと表すことにしている．

計算に適合するデータ構造

アルゴリズムを設計する際には，そのアルゴリズムの計算の流れに合ったデータ構造を用いる必要がある．そうすると，一般に，アルゴリズムの記述もすっきりし，計算も効率よく実行できるからである．そのような観点から，データ構造としてスタックとキューを取りあげ説明する．

スタックでは蓄えられた要素の列の端に位置する先頭でのみ削除（ポップ）したり，追加（プッシュ）したりの操作が許されている．これに対して，配列では，配列の名前Aと任意のサフィックスiとすると，$A[i]$は一つの変数として扱うことができる．したがって，配列のどの要素$A[i]$も読み出すことができるし，また，そこに書き込むこともできる．それでは幅広い操作の許される配列を用いて，制約された操作しか許されないスタックをつくることの意味はどこにあるのであろうか．それは，実現したい計算の特質がスタックというデータ構造と極めて近いからである．実現したい計算にスタックが適合していると，そのアルゴリズムをスタックを用いて効率よく表すことができる．上に述べたマージの擬似コードの場合は，ポップとプッシュだけで表されており，スタックを実現している配列のサフィックスを用いて配列の要素に直接アクセスする計算は現れていない．配列の要素への直接のアクセスは，ポップやプッシュのコードの中に隠されているからである．また，本章でこれから説明するマージソートの再帰呼び出しの計算でもスタックが用いられるが，再帰呼び出しでできる何階層にも渡る入れ子構造はスタックというデータ構造そのものにきわめて近いものである．

次に，キューの説明に入る前に，ポインタ（pointer）について説明する．ポインタとは，場所の情報を蓄えておくものである．ここで，蓄えているものは，変数でもよいし，あるいは配列の要素でもよい．また，場所の情報の例としては，番地とか，あるいは，配列のサフィックスとかがある．たとえば，配列Sでスタックを実現する場合，top$[S]$はポインタの例である．スタックの先頭のサフィックスを蓄えているからである．これまでに説明したプッシュやポップのコードからもわかるように，top$[S]$のひとまとまりで一つの変数のように扱

われ，計算の進行とともに先頭のサフィックスが変わっても，常に，top[S] と書くだけでその時点の先頭のサフィックスを指すことができる．これができるのは，プッシュやポップの操作で先頭のサフィックスが変更されても，これらの操作のコードの中で top[S] の値を更新しているからである．

次節では再帰呼び出しによるマージソートのアルゴリズムを取り上げる．このアルゴリズムでは，マージの結果を 2 つ並べて再度マージするという操作を繰り返す．たとえば，図 2.4 のマージで得られる長さ 8 の 2 つの系列をマージして長さ 16 の系列をつくるというように繰り返す．一方，図 2.4 のように得られた系列の場合は，先頭は小さい要素となるので，この図で表される手順をそのまま適用する訳にはいかない．このような場合は，元の配列そのものにアクセスするようにするとかの対策が必要となる．計算時間が余分に必要となるが，スタックを用いて系列の順序を逆転させてもよい．なお，このような不都合は，スタックでは要素の追加も取り出しも先頭で行うために生じた．これに対して，両端を使い，先頭で取り出し，末尾に追加するというデータ構造もある．このデータ構造は**キュー**（queue）と呼ばれ，**先頭から取り出すことをデキュー**（dequeue）と呼び，**末尾に追加することをエンキュー**（enqueue）と呼ぶ．末尾からエンキューされた要素が取り出されるのは，それまで蓄えられた要素がすべてデキューされた後になるので，スタックの場合と異なり，キューは **last-in, last-out** と呼ばれるの記憶方式となる．スタックの場合と同様に，配列 $A[1..n]$ を用いて，先頭から末尾までの並び $A[i..j]$ としてキューを実現する．ここに，$A[i]$ が先頭の要素で，$A[j]$ が末尾の要素である（$i < j$）．このように実現される場合，デキューやエンキューの操作でキューの範囲はサフィックスが増加する方向に移動していくので，キューは要素 $A[n]$ の次が $A[1]$ となるように配列はリング状につながっていると解釈して実現する．

2.2 マージソート

マージソートの社員モデル

ソート（sort, ソーティング（sorting）や整列とも言う）とは，要素の系列が入力として与えられたとき，それを並べ替えて順番通りにして出力することを言う．たとえば，並び替えの例として，

6, 1, 3, 2, 4, 7, 8, 5 → 1, 2, 3, 4, 5, 6, 7, 8

があるが，この例のように，要素の間には大小関係がつけられているとする．この節では，ソートを実行するアルゴリズムの一つとしてマージソートを取り上げ説明する．

マージソートでは再帰呼び出しという手法が用いられる．この手法は，普通情報分野の専門課程の早い時期に学ぶものであるが，コンピュータを学び始めて最初につまずくテーマでもある．再帰呼び出しは理解するのは難しいのであるが，これをしっかり身につけると，アルゴリズムの設計の醍醐味を味わうことができる．

マージソートでは，入力として与えられた系列の部分範囲に前節で説明したマージを繰り返し適用して，最後に適用範囲が全体となった段階でソート完了とする．ただ，どの部分範囲に注目して，マージをどういう順番で適用するのかをたどるのが難しい．その難しい部分はさておき，マージがどのように適用されるかを示したのが，図 2.7 である．この図のトランクスの形をしたユニットはマージの働きをするもので，図 2.8 のように，一般に，ソート済みの 2 つの系列 x と y を入力すると，これらをマージした結果 z を出力する．図 2.7 全体としては，一番下に横一列に並んだ 4 つのユニットで，隣り合う 2 つの整数に

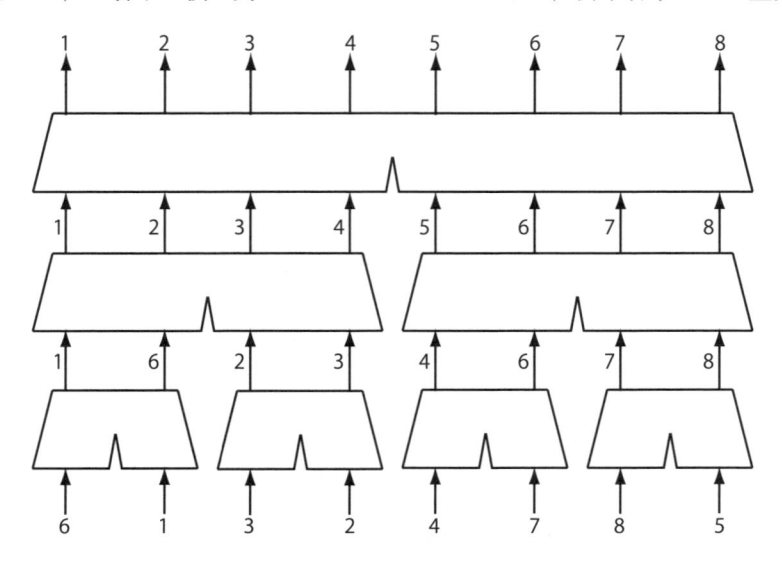

図 2.7 マージの繰り返しによるソートの実行

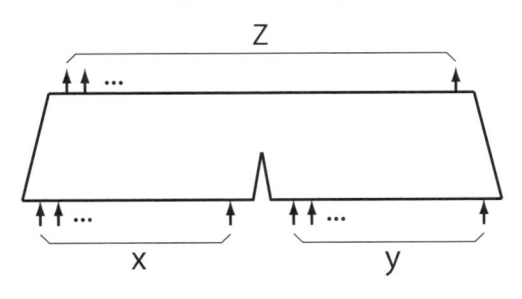

図 2.8 マージのユニット

対してマージを実行し，その結果得られる長さ 2 の系列に対して，同様に次の段でマージを実行するということが，全範囲に渡る出力が得られるまで繰り返される．これがマージソートのアルゴリズムで実行されるマージである．ここで，一番下の段のユニットの 2 つの入力の長さは 1 であるので，自動的にソート済みと言えることに注意してほしい．

図 2.7 のマージが，マージソートのアルゴリズムでどのように実行されるかの説明に進む前に，このアルゴリズムの計算を会社の上司と部下の間の命令の受け渡しのたとえ話により説明する．このたとえ話を仮に**社員モデル**と呼ぶことにしよう．まず，社員は全員 2 名の部下をもつ会社を想定する．このように仮定すると無限の社員がいる会社ということになるが，入力として与えられる系列がどんなに長くとも正しくソートしなければならないことにより必要となる仮定である．このモデルでは，上司と部下の間でマージせよという命令やマージの結果のデータを受け渡ししながらマージソートを実行していく．社員全員に次のような指令を出すものとする．

社員モデルにおける指令:
上司からマージソートするように渡されたリスト A を $l(A)$ と $r(A)$ に 2 等分し，
 第 1 の部下に $l(A)$ をマージソートするように命じ，
 第 2 の部下に $r(A)$ をマージソートするように命じ，
 2 人の部下から返ってきた $l(A)'$ と $r(A)'$ をマージし，その結果 A を上司に返す．
ただし，上司から渡されたリスト A の長さが 1 のときは，リスト A をそのまま上司に返す．

なるべく，話の本筋からそれたことに立ち入ることを避けるために，リスト A の長さは長さ 1 の場合以外は 2 等分できるものと仮定する．そのためには，リストの長さとして 2 のべき乗のものをとることにすればよい．すなわち，長さは適当な非負整数 m に対して 2^m と表されると仮定する．なお後に，マージソートの擬似コードの説明のところで，必ずしもこのことを仮定しなくても少し修正するだけで同様に話を進められることを述べる．

図 2.9 は，入力が長さ 8 の 61324785 のとき，全社員がこの指令に従って行動したときの上司と部下のやり取りの様子を表したものである．この図は木（tree）と呼ばれるグラフで，丸印で表されるものはノード（node）と呼ばれ社員を表す．たとえば，社長 P の 2 人の部下は部長 P_0 と P_1 であり，部長 P_0 の 2 人の部下は課長 P_{00} と P_{01} というように，一番下に位置する社員を除き，7 名の社員についてはそれぞれ 2 名の部下を書き込んでいる．このように，ノード間を結ぶラインが上司と部下の関係を表している．図 2.10 は，上司 P_0 と部下 P_{00}，P_{01} の間のデータの受け渡しの部分を抜き出したものである．この図の (b) に示してあるように，上司 P_0 はその上司の P から 6132 を受け取った後，この系列を 61 と 32 に等分し，それぞれを 2 人の部下に渡し，2 人の部下からそれぞれソートされた 16 と 23 を受け取った後，これらをマージして 1236 をつくり，上司の P に返す．そして，図 2.10 の (a) は，この P_0 の働きは，ちょうど

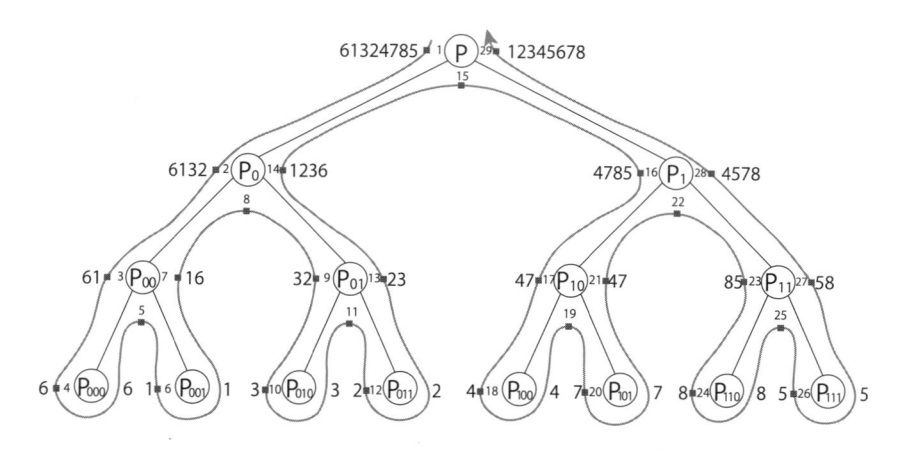

図 2.9 命令の受け渡しによるマージソートの実行．たとえば，仮想コード P_0 は，6132 が入力され，P_{00} と P_{01} からそれぞれ返された 16 と 23 をマージして，1236 を出力する．

2.2 マージソート

(a) マージモジュール

(b) 上司 P_0 と部下 P_{00} と P_{01} の受け渡し

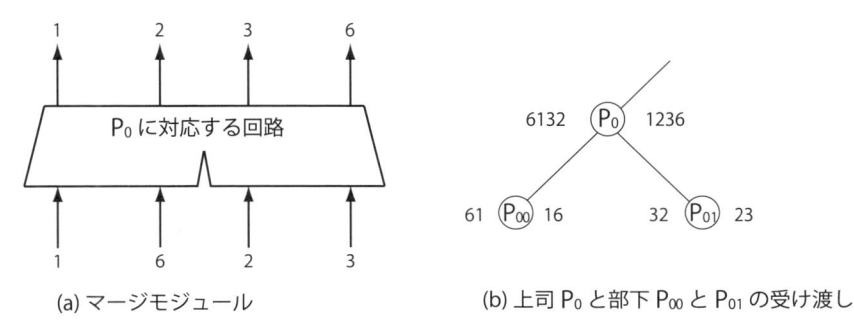

図 2.10　マージソートにおけるデータの受け渡し

図 2.7 の一つのマージのユニットの動作と同じであることを示している．このように，図 2.9 の部下をもつ 7 名の社員は，それぞれ図 2.7 の 7 個のマージのユニットに対応している．一方，図 2.9 の部下をもたない横一列に並んだ 8 名のメンバーは，上司から渡されたリストの長さが 1 であるので，上に述べた指令のただし書きが適用され，上司から渡されたリストをそのまま上司に返す．

次にこれまで述べてきた社員に対する指令を，図 2.11 の行動マニュアルとして整理してまとめておく．なお，社員モデルの行動マニュアルとしては，図 2.11 には不足している箇所がある．上司から渡されたリストの長さが 1 の社員の行動を説明していないからである．これは，次の小節で説明する擬似コードの場合に合わせるためである．擬似コードの場合は，上司も部下も共通の配列

マージソートの行動マニュアル:
1. 上司から渡されたリスト A の長さが 2 以上であれば，
2. 　以下を実行する．
3. 　　リスト A を $l(A)$ と $r(A)$ に 2 等分する．
4. 　　第 1 の部下に $l(A)$ を渡し，マージソートさせ，その結果 $l(A)'$ を受け取る．
5. 　　第 2 の部下に $r(A)$ を渡し，マージソートさせ，その結果 $r(A)'$ を受け取る．
6. 　　$l(A)'$ と $r(A)'$ をマージして A' をつくり，上司に返す．

図 2.11　マージソートの行動マニュアル．リスト A の長さが 2 以上である場合だけ 2 から 5 を実行する．

にアクセスできるので，長さ1の系列に対しては何の行動もとらないということに相当しているので，行動マニュアルの場合もそのようにしている．

マージソートの擬似コード

マージソートの行動マニュアルを図2.11まで整理すると，これは擬似コードと極めて近いものとなる．マージソートの擬似コードを図2.12に与える．実際，擬似コードの行番号の1から6は，行動マニュアルの1から6にそれぞれ対応している．図2.12では，配列 A を任意の範囲 T に限定してマージソートすることを，1から6で定義している．擬似コードの4行目のMERGE-SORT$(A, l(T))$と5行目のMERGE-SORT$(A, r(T))$はMERGE-SORTを定義する中で再び自分自身を呼び出すことから，**再帰呼び出し**と呼ばれるもので，行動マニュアルでは2人の部下に命令を出しているところに対応している．4行目の再帰呼び出しで呼び出されるものは，図2.12のコードにおいて T を $l(T)$ で置き換えたものであり，同様に，5行目で呼び出されるものは，T を $r(T)$ で置き換えたものである．もしこの2つの再帰呼び出しで配列 A のそれぞれ範囲 $l(T)$ と範囲 $r(T)$ が正しくソートされたとすると，その後に6行目により，範囲 $l(T)$ に相当する系列と範囲 $r(T)$ に相当する系列をマージすれば，範囲 T 全体がソートされることとなる．ここの部分が再帰呼び出しのポイントであるので，社員モデルを対応させながら理解してほしい．

再帰呼び出しにおいて，呼ばれた側が正しくソートされた系列を返してくるなら呼ぶ側が正しくソートされた系列を返すというところはよいとしても，呼ばれた側が正しくソートするとどうして言えるのか釈然としないと感じる読者が多いのではないだろうか．再帰呼び出しのポイントは，呼ばれた側の計算に

> MERGE-SORT(A, T):
> **1.** **if** $length(T) \geq 2$
> **2.**   **then**
> **3.** T を $l(T)$ と $r(T)$ に2等分する．
> **4.**   MERGE-SORT$(A, l(T))$
> **5.**   MERGE-SORT$(A, r(T))$
> **6.**   MERGE$(A, l(T), r(T))$

図 **2.12** マージソートの擬似コード

おいても，図 2.12 の擬似コード MERGE-SORT(A, T) そのものを，引数の範囲 T を $l(T)$ や $r(T)$ に変更して適用するというところにある．呼ばれた側が今度は呼ぶ側となって，このように次々と再帰呼び出しを繰り返すと，最後に引数の範囲の長さが 1 となるが，この場合は配列は常にその範囲でソートされていると言える．引数の範囲の長さが 1 となった後は次々と再帰呼び出しを繰り返してたどってきた道を今度は逆向きにたどっていき，最初に再帰呼び出しを行ったレベルまで戻ったところで正しくソートされているということになる．このように呼び出された側でどうなるのか釈然としなかったのは，そこに再帰呼び出しの連鎖が潜んでいたからである．なお，範囲 T の長さが 1 となるまで，次々と再帰呼び出しを繰り返すのは，図 2.9 では底に達するまで下がり続けることに対応していることに注意してほしい．

ここまでの再帰呼び出しの説明から，数学的帰納法を学んだときのことを思い出している読者もいるのではないだろうか．数学的帰納法とは，自然数 n をパラメータとする命題を $P(n)$ と表すとして，すべての n に対して $P(n)$ が成立することを証明するのに，

(1) $P(1)$ は成立する，
(2) 任意の n に対して，$P(n)$ が成立すれば，$P(n+1)$ も成立する

ことを導くというものであった．この証明法を直観的に捉えるためには，$P(1)$, $P(2)$, ... をドミノ牌の無限の並びとみなし，ドミノ倒しに対応させればよい．そして，上の (1) と (2) を，それぞれ "$P(1)$ が倒れる" ことと，"任意の n に対して $P(n)$ が倒れれば，$P(n+1)$ が倒れる" ことに対応させるとイメージを掴むことができる．もちろん，ドミノ牌 $P(n)$ が倒れることを，命題 $P(n)$ が成立することに対応させる．

これまでの説明では，簡単のため範囲 T を長さが等しい 2 つの範囲 $l(T)$ と $r(T)$ に分割するとしている．本章では，この分割が常に可能となるように配列全体の長さは 2^m と表されることを仮定している．しかし，実際はこの仮定は必ずしも必要ではない．$\lfloor x \rfloor$ を非負数 x の整数部分を表すとしよう．一般に，長さが 2^m の仮定を置かない場合に一般化するには，単に，$T = [p..r]$ とするとき，$l(T) = [p..\lfloor \frac{p+r}{2} \rfloor]$，$r(T) = [\lfloor \frac{p+r}{2} \rfloor + 1..r]$ とすればよい．たとえば，$T = [11..20]$ のときは，$\lfloor \frac{p+r}{2} \rfloor = \lfloor \frac{11+20}{2} \rfloor = \lfloor 15.5 \rfloor = 15$ なので，

$l(T) = [11..15]$, $r(T) = [16..20]$ となる.

再帰呼び出しによるマージソートの計算

図 2.12 で与えたマージソートの擬似コードは呼び出し側の動作を表しているに過ぎない．このコードで表される実際の計算では，図 2.7 や図 2.9 に表されるように呼び出された側が，今度は呼び出し側にまわり別の擬似コードを呼び出すということが繰り返される．このように，図 2.12 の擬似コードと実際の計算との間のギャップは，社員ひとりの行動を表した行動マニュアルとそのマニュアルに従って全社員が動いたときの全体の動きとの違いに相当する．このギャップを乗り越えて，再帰呼び出しのプログラムを理解するためには，擬似コードが表す実際の計算をイメージしなければならない．

コンピュータがマージソートのプログラムを実行する場合は，このギャップをどのようにして乗り越えるのであろうか．コンピュータの場合，このギャップを乗り越えるのに寄与するのはコンパイラである．コンパイラは，図 2.12 の擬似コードに相当するプログラムを機械語コードに変換するが，この機械語コードが図 2.9 で表されるような複雑な計算をすべて直接に表しているからである．この機械語コードでは，図 2.12 の 4 行目や 5 行目のように，MERGE-SORT($\cdot,\cdot$) と書いただけで，このプログラム全体が呼び出されるような魔法のワザは使えない．使えるのは，データの移動，データに対する演算，実行順序の制御という，機械語に用意された極めて基本的な命令だけである．

再帰呼び出しを用いたコードは，コンパイラにより，再帰呼び出しを用いない等価なコードに変換される．以下では，この等価なコードで再帰呼び出しに相当する計算をスタックを用いていかに実行するかを，例を用いて説明する．

コンパイラが出力する機械語コードの計算と社員モデルにおけるソートの様子は大筋ではよく似ている．社員モデルの各社員に仮想コードというものを対応させ，これを図 2.9 の各ノードに割り当てる．そして社員モデルにおける上司と部下のやり取りと同様に，仮想コードの間でデータを交換しながらマージソートを進める．しかし，社員モデルのソートと仮想コードのソートでは異なっている点もある．それはソートの実行の順序である．社員モデルの場合は，上司は 2 人の部下に同時に命令を下してもよいし，第 1 の部下から報告を受けた後に，第 2 の部下に命令を伝えるようにしてもよい．しかし，コンピュータの場合は，プログラムカウンタ PC に蓄えられた番地の命令が実行されることが

2.2 マージソート

繰り返されるので，仮想コードの計算は一本の流れとなる．実際，図 2.9 の曲線に従って，計算が進む．ここで注意してほしいのは，わたし達は図 2.9 の全体を鳥瞰することができ，全体の中でどこまで計算が進んでいるかを掴むことができるが，マージソートの擬似プログラムではこれができないということである．そのため，図 2.9 の各ノードに対応するどの仮想コードからも共通にアクセスできるスタックを導入し，仮想コードからアクセスできる限られたデータに基づいて，ちょうど図 2.9 の曲線に沿って計算が進むように制御の受け渡しをコントロールする．そして，ソートすべき数が蓄えられている配列 A の中で変数 T で指定された区間をマージするという操作を繰り返し，最終的に配列 A 全体をソートするようにする．

まず，コンパイラが出力する機械語コードの計算の詳しい説明に入る前に，**仮想コード**とは実際はどういうものかということを説明する．図 2.12 の 4 行目や 5 行目の再帰呼び出しでは，呼び出す側のマージソートも呼び出される側のマージソートも同じ図 2.12 の擬似コードに基づいて実行される．ただし，引数は，A, T から，$A, l(T)$ や $A, r(T)$ に変わる．呼び出す側は自分の責任で配列 A の区間 T をソートし，呼び出される側は A の区間 $l(T)$ や $r(T)$ をソートする．このように，マージソートが再帰呼び出しされるたびに，同じ擬似コードで新しい計算が始まるとみなす．ただ，新しい計算の始まりとは言うものの，メモリの特定の領域に蓄えられている同じコードを使い回しているに過ぎないので，"仮想" と呼ぶことにする．

このように仮想コードというものを理解した上で，図 2.9 に示す順番で計算を実行するためには次の 2 つの点が問題となる．

(1) 図 2.9 の順番で計算を進めるために，仮想コードの生成と消滅をどのようにコントロールするか．
(2) 特定の領域に蓄えられている同じコードを使い回しながら，個々の仮想コードに固有のデータをどのように記憶しておくか．

ポイントは，この 2 つの点を解決するためにスタックを導入することである．スタックには各時刻に実行中の仮想コードを積み (1) の仮想コードの生成と消滅をコントロールする．図 2.9 の計算の進行とともに，そのスタックは図 2.13 に示すようにその内容を変えていく．図 2.9 で一つ下のノードに降りるときは，

40   2. 計算の流れ

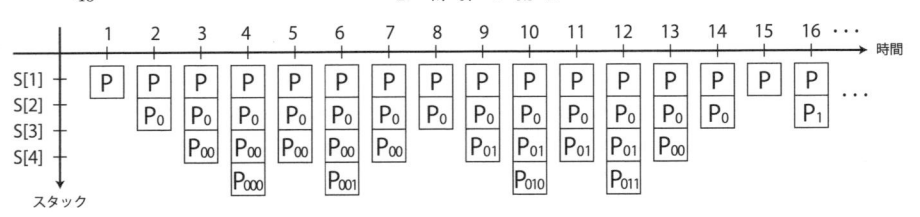

	1	2	3	4	5	6	7	8	9	10	11	12	13	14	15	16	… 時間
S[1]	P	P	P	P	P	P	P	P	P	P	P	P	P	P	P	P	…
S[2]		P_0	P_0	P_0	P_0	P_0	P_0	P_0	P_0	P_0	P_0	P_0	P_0	P_0		P_1	
S[3]			P_∞	P_∞	P_∞	P_∞	P_∞	P_∞	P_{01}	P_{01}	P_{01}	P_{01}	P_∞				
S[4]				P_{000}		P_{001}				P_{010}		P_{011}					

スタック ↓

図 2.13　図 2.9 の計算の実行による仮想コードの遷移

新しい仮想コードが生成され，それに対応してスタックがプッシュされ新しい仮想コードに対応するものが加えられる．逆に一つ上のノードに上るときは，スタックはポップされ，トップの仮想コードは消滅する．このように計算を実行中の仮想コードのリストを表すのに，スタックの構造がぴったり当てはまる．また，スタックに積まれた実行中の仮想コードの内，制御が渡された仮想コードは常にスタックのトップにきている．このように，上に挙げた問題の (1) についてはスタックのプッシュとポップにより仮想コードの生成と消滅をコントロールしている．なお，図 2.14 の時刻 $1, 2, \cdots$ は，図 2.9 の木のノードの脇の小さいボックス ■ に割り当てられた 1 から 29 の数字に対応している．

次に上に挙げた問題の (2) の個々の仮想コードに固有のデータについて説明する．図 2.13 のスタックの内容は，実際には図 2.14 に示すようになる．これらの図からわかるように，図 2.13 のスタックには配列 S を対応させ，実際はそれを図 2.14 に現れる配列 B で実現している．そして，これらの配列の要素の間には，$S[i] = (B[2i-1], B[2i])$ の関係が成立している．このように，仮想コードのひとマス分に対してふたマス分を割り当て，ここに対応する仮想コードの

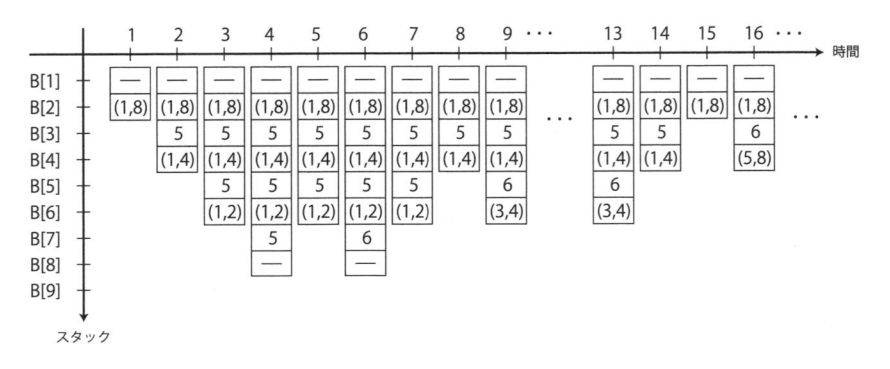

	1	2	3	4	5	6	7	8	9	…	13	14	15	16	… 時間
B[1]	—	—	—	—	—	—	—	—	—		—	—	—	—	
B[2]	(1,8)	(1,8)	(1,8)	(1,8)	(1,8)	(1,8)	(1,8)	(1,8)	(1,8)		(1,8)	(1,8)	(1,8)	(1,8)	…
B[3]		5	5	5	5	5	5	5	5		5	5		6	
B[4]		(1,4)	(1,4)	(1,4)	(1,4)	(1,4)	(1,4)	(1,4)	(1,4)		(1,4)	(1,4)		(5,8)	
B[5]			5	5	5	5	5		6		6				
B[6]			(1,2)	(1,2)	(1,2)	(1,2)	(1,2)		(3,4)		(3,4)				
B[7]				5		6									
B[8]				—		—									
B[9]															

スタック ↓

図 2.14　図 2.9 の計算のスタックの内容の遷移

計算で必要となるデータを蓄えることとする．このデータについて説明する前に，メモリの特定の領域に蓄えられ，仮想コードにより使い回しされるコードについて説明する必要がある．このコードは，図 2.12 で与えられる擬似コードとする．たとえば，擬似コード P_0 は，図 2.12 のコードにより時刻 2 と 8 でそれぞれマージソートを再帰呼び出しする．時刻 2 の再帰呼び出しは，図 2.13 に示すように，時刻 3 において P_{00} をプッシュし，制御を P_0 から P_{00} に移すことにより実行される．制御が P_{00} に移った後は，図 2.12 のコードの最初の行から計算が開始する．時刻 3 の P_{00} には，実際はこの P_{00} の計算のために必要なデータが蓄えられている．それを図 2.14 に示す．この計算に必要となるデータは 2 つあり，それはこの呼び出された計算が終ったとき戻る仮想コード P_0 のアドレスであり，他の一つはこの計算でソートすべき配列 A の区間を表している．ここで，配列 A とは，ソートすべき数が蓄えられている配列である．呼び出された計算が終了したとき戻るべき，呼び出した側の番地のことを**戻り番地**（return address）と呼ぶ．図 2.12 のコードにおいて **4** で呼び出された計算が終了したとき戻るのは **5** であり，これが戻り番地となる．一方，図 2.9 にも示すように仮想コード P_{00} がソートすべき区間は $[1..2]$ である．結局，P_{00} の計算に必要となるのは，これら 2 つのデータであり，これを $(5, (1, 2))$ と捉えて，図 2.14 のように時刻 3 の $S[3]$ の値として，プッシュして蓄える．同様に，時刻 9 に P_0 に呼び出された P_{01} に必要なデータは $(6, (3, 4))$ となる．これは同じ仮想コードの **5** の再帰呼び出しなので，戻り番地は **6** となり，ソートすべき範囲は $[3..4]$ となるからである．なお，図 2.9 の底に一列に並んだ 8 個の仮想コードについては，ソートの対象範囲が幅 1 で，$length(T) \geq 2$ の条件を満たさないので，仮想コードの 2 行目から 6 行目は実行されない．そのため，これらの仮想コードのスタックフレームには戻り番地だけが置かれている．

以上が，再帰呼び出しによるマージソートの計算を，再帰呼び出しに相当する計算をスタックを使って実行するときの考え方である．

図 2.14 に示すように，上に述べた 2 種類のデータを，スタック S のサフィックス i の要素 $S[i]$ の 2 つのフィールド addr と intvl に対応させる．これらのフィールドの要素はそれぞれ $S[i].\mathrm{addr}$ と $S[i].\mathrm{intvl}$ と表される．フィールド addr は address の略で戻り番地を表し，intvl は interval の略で配列の区間を表す．このように，ひとつの仮想コードに対応する $S[i].\mathrm{addr}$ と $S[i].\mathrm{intvl}$ が蓄えられるようなスタック上の枠は**スタックフレーム**（stack frame）と呼ばれ

る．なお，".addr" はフィールドが addr の部分を抜き出すという意味を表し，これは配列 S で実現したスタックのサフィックス i の要素を抜き出す "$[i]$" と同じような意味をもっている．また，$S[i]$ をサフィックスが 1 と 2 の要素からなる配列とみなし，サフィックス 1 と 2 はそれぞれフィールド addr と intvl に対応するとすると，$S[i]$.addr は $S[i][1]$ と表され，$S[i]$.intvl は $S[i][2]$ と表される．なお，図 2.14 では簡単に，$S[i]$ の 2 つの要素を，配列 B の 2 つの要素 $B[2i-1]$ と $B[2i]$ として表してある．

　以上，再帰呼び出しを使うマージソートを，再帰呼び出しを使わないでスタックを用いて行う計算について説明した．この計算を実行するプログラムを出力するのがコンパイラである．次の小節では，コンパイラが出力するこのプログラムについて概略を説明する．次の小節では，この小節で説明した計算を実行するプラグラムを再帰呼び出しを用いないでどう表すかということを説明する．このプログラムの計算をたどるのは込み入っているので，プログラミングの経験の少ない読者は，次の小節は読み飛ばしても差し支えない．

再帰呼び出しによらないマージソートの擬似コード

　前の小節では再帰呼び出しによるマージソートの計算について説明した．この小節では，この計算を実行する擬似コードを再帰呼び出しを用いないで表す．擬似コードは万能性をもつので，この計算を実行する擬似コードは存在することになる．この小節で行うことは，この存在が保障されている擬似コードを具体的に与えるということである．ところで，コンパイラは再帰呼び出しを使って高水準言語で書かれたプログラムを，再帰呼び出しを使わないで低水準で書かれたプログラムに変換する．そのため，この小節で与える擬似コードは，このコンパイラの変換で得られた低水準言語のプログラムと同等の計算をするものとみなして差し支えない．なお，このコンパイラが行う変換や，その変換の結果得られる実際のコードについては，本書の扱う範囲を超えるので，説明は省略する．

　再帰呼び出しによらないマージソートの擬似コード A を図 2.16 に与える．以下このコードの計算について説明する．このコードは前の小節で説明したとおりの計算を実行する．しかし，図 2.16 のコードがなぜ前の小節で説明した計算を生み出すのかをつかむのは結構難しい．難しいのは，このコードの計算が，図 2.9 に示すようにノード（仮想コード）を巡回するというところである．そこ

2.2 マージソート

再帰呼び出しを使わないマージソートにおける巡回の擬似コード B:

1. **while** 左の子が存在 **do**
   　　左へ一つ降りる
2. { センタの最初の通過 }
   if 右の子が存在 **do**
   　　右へ一つ降りる
   　　go to 1
   else
   　　一つ昇る
3. { センタの2度目の通過 }
   { 配列 A の $l(T)$ と $r(T)$ をマージ }
   if 左の子が存在 (S[top]. addr = first) **then**
   　　一つ昇る
   　　goto 2
   else 一つ昇る
   　　goto 3

図 2.15　再帰呼び出しを使わないマージソートにおける仮想コード巡回の擬似コード B

で，図 2.16 のコードで巡回に関するところだけを抜き出したコードを擬似コード B として図 2.15 に与える．まず，これらのコードの説明に入る前に，ポイントとなることを次のようにまとめておく．

(1) 擬似コード A, B のどちらのコードも図 2.10(b) の雛型（テンプレート）を考え，これを計算の進行とともに図 2.9 の木のノードの上を移動させながらたどると理解しやすい．ただし，この雛型では (b) のように仮想コードを P_0, P_{00}, P_{01} という特定のものに固定するのではなく，一般の仮想コードを考える．したがって，P_0 から上方に伸びるラインは削除し，一般化しておく．この雛型で P_0 はセンタ，P_{00} は左の子，P_{01} は右の子と呼ぶこともある．

(2) 擬似コード A, B のどちらのコードの計算でも，図 2.17 に示すように，時刻 1 から時刻 29 まで曲線で示した径路をたどる．

再帰呼び出しを使わないマージソートの擬似コード A:
 区間が入力として与えられる
 $T \leftarrow$ 区間
 PUSH$(-, T)$
1. **while** $length(T) \geq 2$ **do**
  $T \leftarrow l(T)$
  PUSH(first, T)
2. **if** $length(T) \geq 2$ **then**
  $T \leftarrow r(T)$
  PUSH(second, T)
  go to 1
 else
  POP
  $T \leftarrow$ S[top]. intvl
3. MERGE$(A, l(T), r(T))$
 if S[top].addr $=$ first **then**
  POP
  $T \leftarrow$ S[top]. intvl
  goto 2
 else
  POP
  $T \leftarrow$ S[top]. intvl
  goto 3

図 2.16 再帰呼び出しを使わないマージソートの擬似コード

(3) 擬似コード B は，擬似コード A の木の上の動きをたどるだけである．そのため，擬似コード A の "PUSH" には擬似コード B の "降る" が対応し，"POP" には "昇る" が対応する．また，擬似コード A の **3** でマージが実行されるので，擬似コード B でも $\{\ \ \}$ で囲ってこのことを示しておく．なお，擬似コード A の **2** はセンタの最初の通過のタイミングで実行されるもので，時刻 5 や 8 などのように最初の再帰呼び出しで呼び出し側に戻る時

刻に対応し，**3**はセンタの2度目の通過のタイミングで実行されるもので，2番目の再帰呼び出しで呼び出し側に戻る時刻に対応する．

(4) 擬似コードAの**2**のelseに制御が渡されるのは，図2.17の時刻6や時刻12などに相当する．しかし，これらの時刻で，擬似コードAは仮想コードP_{001}やP_{011}に相当するものをPUSHすることはしない．これらの場合は，それぞれ仮想コードP_{00}やP_{01}でマージを実行しさえすればよいからである．そのため，図2.14で時刻6のスタックの内容として表されている$B[7] = $ **6** や $B[8] = $ — は，実際には擬似コードAでプッシュされることはない．図2.14では省略しているが，時刻12についても同様である．

(5) 図2.16の擬似コードAの最初の3行はマージソートすべき全区間に対応するフレームを初期設定するものである．戻り番地のフィールドaddrには，未指定であることを表す"—"を入れておく．

(6) 戻り番地は図2.12のコードの**5**と**6**の代わりに，それぞれfirstとsecondを用いる．firstとsecondはそれぞれ図2.12のコードの1番目と2番目の再帰呼び出しを実行中であることを示すことになる．

図2.15と図2.16の擬似コードはどちらも**1**, **2**, **3**によって構成され，これらの3つの部分は互いに対応している．図2.17では，曲線で表される計算の進

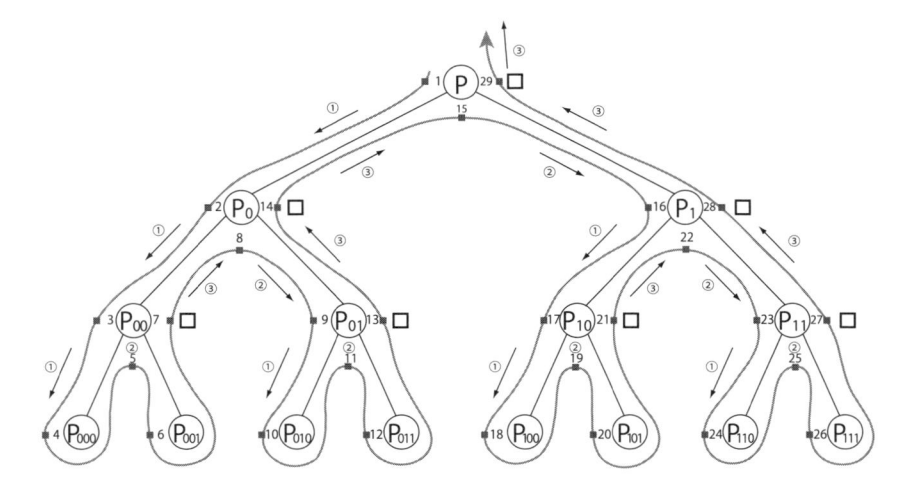

図 2.17 再帰呼び出しを使わない擬似コードの計算の流れ

行において，コードの **1**，**2**，**3** の部分のどれが適用されるかを，それぞれ①，②，③の番号をつけて表している．この図からわかるように，**1** により下降を繰り返し，**3** により上昇を繰り返すようになっている．また，**2** は最初の再帰呼び出しと 2 番目の再帰呼び出しの間に行われる操作を表している．たとえば，図 2.17 の時刻 7，8，9 に注目してみよう．時刻 7 においてマージが実行されるが，これは仮想コード P_0 の最初に再帰呼び出しされた仮想コード P_{00} の実行である．このときの戻り番地はスタックのトップで $S[\text{top}].\text{addr} = \text{first}$ と指示されるが，**3** でスタックがポップされた後，**2** の PUSH(second, T) により，戻り番地は second に置き換えられる．なお，この PUSH に先立ち $T \leftarrow r(T)$ の代入が実行されているので，この第 2 の再帰呼び出しに相当する実行では，対象区間が仮想コード P_0 の区間 T の後半の $r(T)$ となる．すなわち，PUSH(second, T) の T は，P_0 の区間を T とすると，$r(T)$ を意味する．なお，PUSH(second, T) を実行すると，トップの addr と intvl のフィールドが，

$$S[\text{top}].\text{addr} = \text{second},$$
$$S[\text{top}].\text{intvl} = T$$

と指定されることになる．これら 2 つのフィールドが仮想コード P_{01} に対応するスタックフレームを構成する．図 2.17 では，実際にマージが実行されることを □ の記号で表しているが，これが実行されるのは 2 番目の再帰呼び出しに相当するものが終了した後，したがって，戻り番号が second となっているときである．図 2.7 に示すように，これらのマージは，木の上の動きとしては下から上に向かい，左から右に向かいながらの実行となる．マージの実行の結果，配列 A の対応する区間の更新が進み，ソート済の区間が次第に大きくなっていき，最後に全体が一つの区間で覆われる．このような様子は再帰呼び出しによるマージソートとまったく同じである．

図 2.16 の擬似コード A の計算を理解するのは簡単ではないと思われるので，この擬似コードにより図 2.17 に示すように計算が進むことを実際にたどってほしい．**1** の直前の最初の 3 行で，計算の開始時に $S[\text{top}].\text{intvl}$ は $T = [1..8]$ と指定され，$S[\text{top}].\text{addr}$ は未指定 (—) とする．これは仮想コード P に対するスタックフレームの初期設定である．その後，**1** の 2 行目の $T \leftarrow l(T)$ により T は $[1..4]$ に更新され 3 行目の PUSH(first, T) により，P_0 に対するスタックフレームとして，$S[\text{top}].\text{addr} = \text{first}$ と $S[\text{top}].\text{intvl} = [1..4]$ がプッシュされると

いうように計算が進んでいく．ところで，図 2.16 のコードは高水準言語に近い表示で，とても低水準言語とは言えないものである．しかし，このコードでは，コードの名前を書いただけでその名前のコード全体が呼び出されるというような解釈はされていない．そのため，図 2.16 のコードは，原理的にはそのまま機械語の 3 つのタイプの命令だけで書き直せるようなコードとなっていることを注意してほしい．

3 情報の表現

　人間が扱う情報には，文章，数値データ，また，画像データなど，実にさまざまなものがある．一方，コンピュータが扱う情報はすべて，いったん2進列として表される．したがって，人間が扱う情報をコンピュータに取り込んで処理するためには，現実のデータを2進列に変換することが必要となる．この章では，2進列の変換の例として，2の補数表現への変換や浮動点表現への変換を取り上げ，これらの変換では，変換後の計算が効率良く実行できるように工夫されていることを説明する．

3.1 数の表現と文字の表現

実際のデータの2進系による表現

　情報をコンピュータに取り込み，さまざまな処理を施すためには，現実のデータを2進列に表す必要がある．たとえば，扱う情報が画像の場合は，画像を網目状に細かく分割し，その一つひとつを何らかの順番で並べたもので表す．ここで，網目一つひとつのデータは濃淡や色彩を2進列で表したものとなる．また，現実のデータの値が連続量である場合は，とびとびの値に変換した後，2進列として表す必要も出てくる．これら実際のデータから2進列への変換は本書の扱う範囲を超えるので扱わない．この節では，数や文字などを対象として2進列としてどのように表すかについて説明する．

基 数 表 現

　わたし達は通常は10進数表示で数を表すことが多い．しかし，コンピュータで数を扱う場合は，10進数に代わり，2進数，8進数，16進数が用いられる．10進数では，

　　　　　　　　　0 1 2 3 4 5 6 7 8 9

3.1 数の表現と文字の表現

の数字が用いられるのに対し，2進数では2個の数字

$$0 \quad 1$$

が用いられ，8進数では8個の数字

$$0 \quad 1 \quad 2 \quad 3 \quad 4 \quad 5 \quad 6 \quad 7$$

が用いられ，16進数では16個の数字とアルファベット

$$\begin{array}{cccccccccccccccc}
0 & 1 & 2 & 3 & 4 & 5 & 6 & 7 & 8 & 9 & A & B & C & D & E & F \\
(0) & (1) & (2) & (3) & (4) & (5) & (6) & (7) & (8) & (9) & (10) & (11) & (12) & (13) & (14) & (15)
\end{array}$$

が用いられる．16進数の場合は，10から15までの数をそれぞれ数字の1個で表すことはできないので，それぞれAからFのアルファベットを用いていることに注意してほしい．例として，10進数で2012と表される数を，2進数，8進数，16進数で表したものを図3.1に示す．10進数の場合は

$$2 \times 10^3 + 1 \times 10 + 2 = 2012$$

と表される．同様に，2進数，8進数，16進数の場合は次のように表される．

$$\begin{aligned}
& 2^{10} + 2^9 + 2^8 + 2^7 + 2^6 + 2^4 + 2^3 + 2^2 \\
=\ & 2012,
\end{aligned}$$

$$\begin{aligned}
& 3 \times 8^3 + 7 \times 8^2 + 3 \times 8^1 + 4 \times 8^0 \\
=\ & (2+1) \times 8^3 + (2^2+2+1) \times 8^2 + (2+1) \times 8^1 + 2^2 \times 8^0 \\
=\ & 2012,
\end{aligned}$$

$$\begin{aligned}
& 7 \times 16^2 + 13 \times 16^1 + 12 \times^0 \\
=\ & (2^2+2+1) \times 16^2 + (2^3+2^2+1) \times 16^1 + (2^3+2^2) \times 16^0 \\
=\ & 2012.
\end{aligned}$$

これらの式より，図3.1に示すように，8進数表現は2進数表現を3ビットずつに区切ると容易に得られる．同様に16進数表現の場合は4ビットずつに区切る．なお，何進数であるかを下付きの数字で表すこともある．たとえば，図3.1の数の場合，

2 進数	1 1 1 1 1 0 1 1 1 0 0
2 進数	4 2 1 | 4 2 1 | 4 2 1 | 4 2 1 □ 1 1 | 1 1 1 | 0 1 1 | 1 0 0
8 進数	3 7 3 4
2 進数	8 4 2 1 | 8 4 2 1 | 8 4 2 1 □ 1 1 1 | 1 1 0 1 | 1 1 0 0
16 進数	7 D C

図 **3.1** 10 進数 2012 の 8 進数表示 3734 と 16 進数表示 7DC

$$\mathtt{11111011100}_2,$$
$$\mathtt{3734}_8,$$
$$\mathtt{7DC}_{16}$$

などと表す．

次に，これまで説明してきたことを r 進表現として一般化してまとめておく．m 桁の r 進表現 $d_{m-1}d_{m-2}\cdots d_1d_0$ が表す値は，

$$d_{m-1} \times r^{m-1} + d_{m-2} \times r^{m-2} + \cdots + d_1 \times r^1 + d_0 \times r^0$$

で与えられる．ここで，$i = 0, 1, \ldots, m-1$ に対して d_i は $0 \leq d_i \leq r-1$ となる整数である．この場合の r は**基数**（radix）と呼ばれる．

一般に，ある系列で表された系列を意味を変えないで別の系列へ変換することを**符号化**，または，**エンコーディング**（encoding）と呼び，その逆の変換を**復号**，または，**デコーディング**（decoding）と呼ぶ．ここで，変換が施される系列をつくる記号の集合と，変換の結果得られる系列をつくる記号の集合はそれぞれ定められている．これらの記号の集合はアルファベットと呼ばれる．このアルファベットという用語は，英語の 26 文字をアルファベットと呼ぶのと同様の意味で使われている．また，符号化の結果得られる系列をコード（code）と呼ぶ．ここで，コードという用語は本書は 2 つの意味をもつ用語として使われることに注意しておく．一つは上で説明したように符号化の変換により得られる系列である．したがって，この場合は変換を適用した元の情報を指す系列

3.1 数の表現と文字の表現

として使われる．その他に，ひとまとまりのプログラムもコードと呼ばれることがある．一般に，符号化も復号も広い意味をもった用語であるが，本書では符号化を情報をコンピュータに取り込むために2進列に変換することと捉える．次に，具体的な例として，3桁の10進数から9桁の2進数へ変換する符号化を取り上げる．

一般に，A を有限個の記号の集合とするとき，A^n で A に属する記号の長さ n の系列すべてを集めた集合を表すとする．たとえば，

$$\{a, b\}^3 = \{aaa, aab,\\ aba, abb,\\ baa, bab,\\ bba, bbb\}$$

となる．すると，3桁の10進数を9桁の2進数へ変換する符号化は，$\{0, 1, 2, \ldots, 8, 9\}^3$ から $\{0, 1\}^9$ への関数 f と捉えることができる．この場合のアルファベットは $\{0, 1, 2, \ldots, 9\}$ と $\{0, 1\}$ である．たとえば，

$$f(585) = 1001001001,$$
$$f(033) = 0000100001$$

となる．ただし，簡単のため上位の0は残したままの変換としている．

文字コード

コンピュータが扱う文字や数はそれぞれ決まっている．どんなコンピュータでも，大文字と小文字のアルファベット26文字，0から9までの数字やスペースやピリオドやコンマを扱う．その他，カーソルを行の左端に戻すキャリッジリターンなどの制御文字も決められている．コンピュータで扱うこれらの文字，数字，制御文字に2進列を割り当て，コンピュータ内ではこの2進列を扱う．そのような2進列による符号化にはいろいろのものがあるが，その一つに **ASCII** コード（アスキーコード）と呼ばれるものがある．ASCII は American Standard Code for Information Interchange の略である．ASCII では7ビットを用いて符号化するので，$128 (= 2^7)$ 個の対象に2進列を割り当てることができる．図3.2にASCII コードの一部を与える．たとえば，大文字の A に対応する7ビットは，上位3ビットの100と下位4ビットの0001をつなげた1000001 とな

下位4ビット \ 上位3ビット	000	001	010	011	100	101	110	111
0000	NUL		space	0	@	P	`	p
0001			!	1	A	Q	a	q
0010			"	2	B	R	b	r
0011			#	3	C	S	c	s
0100			$	4	D	T	d	t
0101			%	5	E	U	e	u
0110			&	6	F	V	f	v
0111			'	7	G	W	g	w
1000	BS	CAN	(	8	H	X	h	x
1001			)	9	I	Y	i	y
1010	LF		*	:	J	Z	j	z
1011		ESC	+	;	K	[	k	{
1100			,	<	L	\	l	|
1101	CR		-	=	M	]	m	}
1110			.	>	N	^	n	~
1111			/	?	O	_	o	DEL

NUL: 空文字（NUll character）　　CAN: キャンセル（CANcel）
BS: 1文字後退（Back Space）　　ESC: エスケープ（ESCape）
LF: 改行（Line Feed）　　DEL: 抹消（DELete）
FF: 改ページ（Form Feed）　　space: 空白
CR: 復帰（Carriage Return）

図 3.2　ASCII コード（一部）と特殊文字の意味

る．同様に，図 3.2 からもわかるように，CR（行頭復帰）には 0001101 が対応し，LF（改行）には 0001010 が対応する．上で説明したように，歴史的には CR（Carriage Return）は行を変えないで行頭復帰を意味し，LF は改行を意味するので，いわゆるキャリッジリターンは，CR+LF，すなわち，0001101 に続く，0001010 で表される．ただし，実際には，これら制御文字はコンピュータシステムに依存して解釈されることを注意してもらいたい．

3.2　2の補数表現

固定小数点で正負の整数を表すのに2の補数表現と呼ばれ，広く用いられて

3.2 2の補数表現

いるものがある．この表現で表された正負の整数の加算は，加える整数の正負の符号の組み合せによらず，常に加算を実行するだけで計算できるという著しい特徴をもっている．

絶対値表現

数を，符号と絶対値の組み合せで表す方法は**絶対値表現**（signed magnitude）と呼ばれる．32ビットを使った絶対値表現では，整数は正負を表す1ビットに，0から$2^{31}-1$の絶対値を表す31ビットを続けて表す．ところで，絶対値表現した2つの整数の加算では，符号の組み合せに応じて加算や減算を切り換えて行わなければならないことになる．たとえば，$-5+3$の計算では，5から3を引き2を求めた上で，負の符号をつけ，答えを-2とする．一方，$-5-3$では，絶対値同士を加えた上で，負の符号をつけたものを答えとする．これに対して，2の補数表現された正負の整数の加算は，後で詳しく説明するが，常に加算だけで計算されるという著しい特徴がある．そのため，2の補数表現の場合，加算のための回路も絶対値表現の場合に比べ，簡単になる．さらに，絶対値表現の場合は，0は，符号がプラスの0とマイナスの0の2通りの表し方があるため不都合な場合も出てくる．一方，2の補数表現の場合は，0の表現は唯一に定まる．このような特徴があるため，2の補数表現は広く用いられている．

4ビットの2の補数表現

これらの特徴をもった2の補数表現について具体的な例を取り上げながら説明する．説明の都合上，32ビットの代わりに4ビットで$-8, -7, \ldots, -1, 0, 1, \ldots, 7$の整数を表す場合を例に説明する．図3.3に4ビットの場合について，2の補数表現が表す正負の整数を示してある．この図からわかるように，符号を表す最上位のビットは，0の場合は非負整数であることを表し，1の場合は負整数であることを表す．そして，残りの3ビットで"絶対値"を表す．2の補数表現が表す数は，非負整数の場合は残りの3ビットが，"絶対値"を表す3桁の2進数となり，負整数の場合もその絶対値を表すが，表し方は以下で説明する．

2の補数表現の詳しい説明に入る前に，図3.4を用いて，4ビットを通常の符号無しの2進数とみなした上で，モジュロ16の加算について説明する．ここで，**モジュロ m**（modulo m）の加算とは，通常の加算で得られた結果を m で割った余りとみなす演算である．たとえば，$m=16$の場合，5と14のモジュ

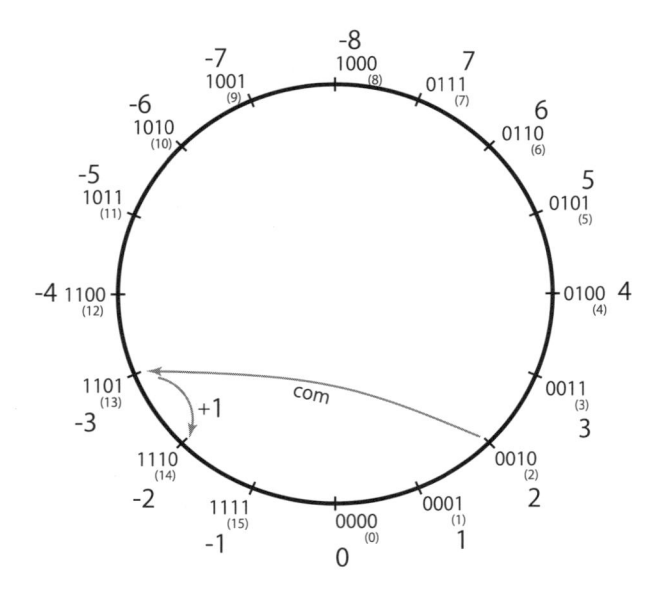

図 3.3　4 ビットの 2 の補数表現

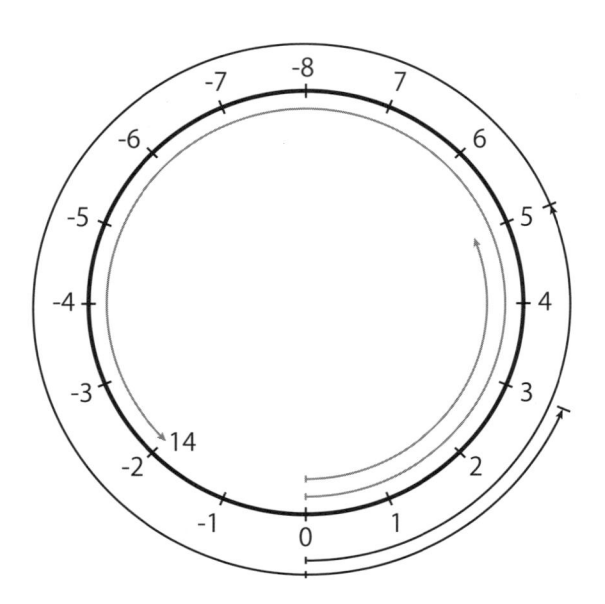

図 3.4　モジュロ 16 の加算 $5 + 14 \equiv 3 \pmod{16}$

3.2 2の補数表現

```
    0 1 0 1  (5)           0 1 0 1  (5)
  + 1 1 1 0  (14)        + 1 1 1 0  (14)
  ─────────              ─────────
  1 0 0 1 1  (19)          0 0 1 1  (3)
```

　(a) 桁上げありの加法　　　(b) モジュロの加法

図 3.5　2 進数の通常の加算とモジュロの加算

ロ 16 の加算は，5 と 14 を加えた 19 を 16 で割った余り 3 を結果とし，

$$5 + 14 \equiv 3 \pmod{16}$$

のように表す．この計算は次のように解釈される．まず，図 3.4 で反時計回りに i きざみだけ進むことを順方向に i だけ進むと言い，時計回りに i きざみだけ進むことを，逆方向に i だけ進むとか，i だけ戻るとか言うことにする．図 3.4 に示すように，$5 + 14 \equiv 3 \pmod{16}$ は，5 の位置から $+14$ で 14 だけ進むと，19 だけ進むことになるが，その位置はちょうど 0 の位置から 3 だけ進んだ位置となると解釈できる．一方，図 3.5 に示すように，この計算は通常の 2 進数の加算で，5 桁目の桁上げを無視することに相当する．

　2 の補数表現の加算のポイントは，$-i$ の加算で，i だけ戻るとする代わりに，$(16 - i)$ だけ進むとすることである．たとえば，$i = 2$ の場合，2 だけ戻る代わりに 14 だけ進む．$5 - 2 = 3$ だと，5 から 2 だけ戻り 3 となるということになるが，-2 を 14 に対応させ $5 + 14 \equiv 3 \pmod{16}$ に基づき，5 から 14 だけ進み 3 となるとする．そのために，-2 を 14 に対応させる．この対応は図 3.3 に示すように

$$0010 (= 2) \xrightarrow{\text{com}} 1101 \xrightarrow{+1} 1110 (= 14)$$

から定められる．ここで，com はビットごとに 0 と 1 を反転させることを意味する．他の例として，$-2 - 3 = -5$ の計算を取り上げる．これを，2 だけ戻った後に，3 だけ戻るとする代わりに，14 だけ進んだ後に 13 だけ進むとする．そのために，-2 を 14 に対応させ，-3 を 13 に対応させる．これらに相当する計算では，符号を表す最上位を含めて 4 ビットを 2 進数とみなして加え，5 桁目の桁上りは無視する．このように計算すると，最上位の符号を表すビットまで含めて正しい値が計算される．

　一般に，全体の桁数に一定の制約をおいて表現すると，演算の結果がその桁数

を超え正しい値が得られないということが起こる．このことをオーバーフロー (overflow) という．実際，3.3 節で取り扱う浮動小数点表現でもこの問題が生じることを説明する．$m=4$ の場合，数を表すのは符号のビットを除いた 3 ビットであり，3 桁という制約となる．たとえば，$4+4=8$ の計算では図 3.3 で表示できる $-8, -7, \ldots, 6, 7$ の範囲を超えており，オーバーフローが起こる．実際 $0100 + 0100 = 1000$ は，$4+4=-8$ に対応することになり，正しい計算を表していない．そのため，オーバーフローが起きていないことをチェックしながら計算を進めることが必要となる．

一般の 2 の補数表現

これまで 4 ビットの場合について，$-8, -7, \ldots, 6, 7$ の 2 の補数表現や加法の演算について説明した．これは容易に m ビットの場合について一般化される．m ビットの 2 の補数表現で表される整数は，$-2^{m-1}, -(2^{m-1}-1), \ldots, 2^{m-1}-1$ の 2^m 個である．これらの整数 i の 2 の補数表現は次のように与えられる．

$$i \text{ の 2 の補数表現} = \begin{cases} \text{rep}(i) & 0 \leq i \leq 2^{m-1}-1 \text{ のとき} \\ \text{com}(\text{rep}(-i)) + \text{rep}(1) & -2^{m-1} \leq i \leq -1 \text{ のとき} \end{cases}$$

ここに，$\text{rep}(i)$ は非負整数 i を m 桁の 2 進数で表したものである．また，com はビットごとの反転を表す．したがって，$m=4$ の場合は，たとえば，-2 の 2 の補数表現は

$$\text{rep}(2) = 0010,$$
$$\text{com}(0010) = 1101,$$
$$\text{com}(0010) + \text{rep}(1)$$
$$= 1101 + 0001$$
$$= 1110$$

となる．一般に，m ビット $b_{m-1}b_{m-2}\cdots b_0$ に対して，

$$\text{com}(b_{m-1}b_{m-2}\cdots b_0) = \bar{b}_{m-1}\bar{b}_{m-2}\cdots \bar{b}_0$$

と定義される．ここに，¯ は反転を表し，

$$\bar{0} = 1,$$
$$\bar{1} = 0$$

と定義される．

　$m = 4$ の場合の図 3.3 を参照しながら，上の 2 の補数表現を定義する式の意味することを説明する．まず，i が非負の $0 \leq i \leq 7$ の場合と負の $-8 \leq i \leq -1$ の場合にわけて定義している．これら 2 つの場合は，それぞれ図 3.3 の右半分と左半分に対応している．$0 \leq i \leq 7$ の場合は，i の 2 進数表現 $\text{rep}(i)$ がそのまま i の 2 の補数表現となる．一方，$-8 \leq i \leq -1$ の場合の典型的な例として，図 3.3 では $i = -2$ の 2 の補数表現 1110 が得られる様子を表している．すなわち，まず，$i = -2$ の代わりに，$-i = 2$ に注目し，2 の 2 進数 0010 を，com でビットごとに反転し，1101 を得，次いでこれに 0001 を加えて，$1101 + 0001 = 1110$ を得ている．以上の説明より，2 の補数表現のイメージを掴んでもらえたと思う．

3.3　浮動小数点表現

　決まったビット数で数を表すとき，2 進列の中で小数点の位置を固定すると，表せる数の大きさの範囲が限定される．浮動小数点表現は，この問題点に対処するもので，数の位取りを指定する指数部を導入して，表現全体を符号，指数部，それに値の絶対値を表す仮数部から構成し，有効桁数を大きくとれるようにする表現形式である．

浮動小数点表現のあらまし
　実数もコンピュータ内部では 2 進列として表されて扱われる．ところで，連続の値をとる実数を 2 進列というとびとびの値として表すことには元々限界がある．この限界を踏まえた上で，32 ビット，また，特に精度が必要な場合は 64 ビットという固定した長さでなるべく有効に表す一つの方法として**浮動小数点表現**（floating-point number representation）と呼ばれるものがある．この節では，32 ビットの場合に焦点を合わせてこの方法について説明する．なお，小数点を右端や左端というように特定の位置に固定して表現する方式を**固定小数点表現**（fixed-point number representation）と呼ぶ．

　極めて大きい値や極めて小さい値を表すときのことを考えてみよう．たとえば，太陽の重さ $1{,}989 \times 10^{32}$ グラムや電子の重さ 9.1×10^{-28} グラムなどがその例である．このような数を，固定小数点表現で表すと，0 が長く続き限られた桁数では足りなくなることが多い．そのような場合，上にあげた例のように

表 3.6 正規化した浮動小数点数

10 進数	2 進数	正規化した2進浮動小数点数
-2	-10	-1.0×2^1
0.5	0.1	1.0×2^{-1}
2	10	1.0×2^1
2.5	10.1	1.01×2^1

$$\pm m \times R^e$$

という形式で表すとよい．ここで，$\pm$ は符号でマイナスかプラスのどちらかであり，m は値そのものを表す**仮数**（mantissa, fraction, significand）であり，R は**基数**（radix）で，e は指数である．上の表現において，m が

$$d_0.d_{-1}d_{-2}\cdots d_{-t}$$

と表され，d_0 が 0 ではないとき**正規化**（normalization）されているという．ここで，$0 \leq i \leq t$ に対して，d_i は 0，1，$\ldots$，$R-1$ のいずれかの整数である．上にあげた形式で表された数を**浮動小数点数**という．このように呼ばれるのは，小数点の位置が表す数によって移動するからである．また，基数が 2 で，表したい数が 0 ではない場合は，この表示は 2 進数表示となり，正規化されていれば d_0 は常に 1 となる．

まず，表す数が 0 ではない場合について説明する．**有効桁数**というのは，値を表したときの有効（正確）な桁の範囲を表すものである．有効桁数が $t+1$ の場合は，仮数は $d_0.d_{-1}d_{-2}\cdots d_{-t}$ と表される．表 3.6 に -2，0.5，2，2.5 を例にとって正規化した浮動小数点数を与える．

IEEE 標準規格による浮動小数点表現

1985 年 IEEE（Institute for Electrical and Electronic Engineers，米国電気電子学会）は 2 進浮動小数点表現を制定し，それまでまちまちだった表記を統一した．単精度の 32 ビットの表現と倍精度の 64 ビットのものがあるが，ここでは 32 ビットのものを説明する．

図 3.7 に **IEEE 標準規格**による 32 ビットの構成を示してある．この規格では，符号付き絶対値で浮動小数点数を表す．符号は $(-1)^S$ で表す．すなわち，負数は $S=1$ で表し，正数は $S=0$ で表す．指数部は 8 ビットで，指数部が

3.3 浮動小数点表現

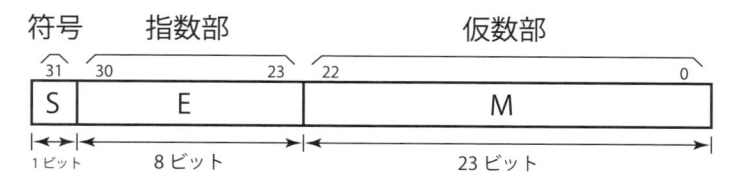

```
   符号      指数部              仮数部
    31   30            23  22                    0
   ┌───┬──────────────┬──────────────────────┐
   │ S │      E       │          M           │
   └───┴──────────────┴──────────────────────┘
   1ビット    8ビット              23ビット
```

図 **3.7** 浮動小数点表現の IEEE 標準規格の構成（32 ビットの場合）

負の数の場合は 2 の補数で表し，その値は -126 から $+127$ の範囲にわたるとする．したがって，指数部だけで絶対値で 2^{-126} から 2^{127} の範囲の値が表される．$2^{10}(=1024)$ を 10^3 とみなすと，これはおおよそ 10^{-38} から 10^{38} の範囲にわたる．太陽の重さや電子の重さはこの範囲に入るが，この範囲では表せない値もある．また，表現できる範囲に入っていても，実際に表す値はとびとびの値であり，精度は限られてくる．このように浮動小数点表現を用いたとしても表される数の範囲は限られてくる．指数部のビット数などの制約から，負の指数が大きすぎて表せないことをアンダーフロー（underflow）と呼び，正の指数が大きすぎて表せないことをオーバーフロー（overflow）と呼ぶ．図 3.8 に表現可能な範囲と不可能な範囲を示しておく．表 3.9 は，表 3.6 の数について，その符号，指数，仮数，さらに，指数を 8 ビットで表したものをまとめたものである．ただし，指数が負となる場合は 2 の補数による表示で表してある．

ところで，IEEE 標準規格による浮動小数点表現は数の大小比較が効率よく

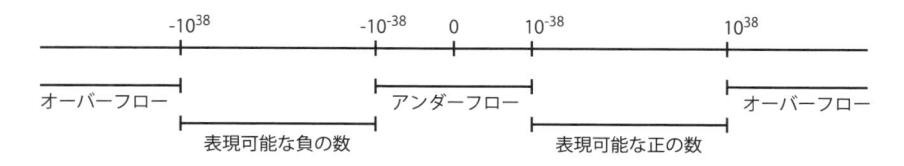

```
            -10³⁸         -10⁻³⁸   0   10⁻³⁸           10³⁸
  ─────────┼─────────────┼───────┼─────────────┼─────────
  ├────────┤                                    ├─────────┤
  オーバーフロー         ├──────────────┤         オーバーフロー
            ├────────────┤ アンダーフロー ├────────────┤
            表現可能な負の数            表現可能な正の数
```

図 **3.8** IEEE 標準規格（32 ビット）で表現可能な範囲と不可能な範囲

表 **3.9** 浮動小数点表現の符号，指数，仮数

浮動小数点数	符号	指数	仮数	指数の 8 ビット表示（2 の補数表現）
-1.0×2^1	$-$	1	1.0	00000001
1.0×2^{-1}	$+$	-1	1.0	11111111
1.0×2^1	$+$	1	1.0	00000001
1.01×2^1	$+$	1	1.01	00000001

浮動小数点表現された数の大小比較:
1. 符号部が異なる場合は符号で大小を判定し，そうではない（正数同士，または，負数同士）場合は **2** へ．
2. 指数部が異なる場合はその大小で判定し，そうではない（指数部が一致する）場合は **3** へ．
3. 仮数部が異なる場合はその大小で判定し，そうではない（仮数部が一致する）場合は，等しいと判定．

図 **3.10** 浮動小数点表現の大小比較

実行されるように構成されている．浮動小数点表現同士を大小比較する場合，まず，符号で負と正を分け，次に負の数同士，正の数同士を指数の大きさで比較し，最後に，これら2つのステップで判定できなかった数同士は仮数の（絶対値の）大きさで比較する．この大小比較の手順は図 3.10 のようにまとめられる．ここで，表 3.9 の浮動小数点数について，図 3.10 のアルゴリズムで大小比較をしてみる．まず，-1.0×2^1 は，負数で，残りの3つは正数であるので，符号から最も小さいと判定される．残りの3つについては，まず，指数部を比較することになる．1.0×2^{-1} と 1.0×2^1 については，指数の大小比較では，$1.0 \times 2^{-1} < 1.0 \times 2^1$ と判断される．（ここで，指数の8ビット表示を単純に大小比較すると，11111111 > 00000001 なので $1.0 \times 2^{-1} > 1.0 \times 2^1$ という正しくない判定となる．この場合は，正しく判定されるように指数部の8ビットの表示に工夫を加えるのであるが，その説明は後に回すことにする．）最後に，指数では区別のつかなかった残りの2つの数については単純に仮数部を比較すれば $1.0 \times 2^1 < 1.01 \times 2^1$ という正しい判定が下される．

　指数部の表示に施す工夫は単純なものである．上の例の逆転は，負の指数を2の補数を用いて表示したため起ったので，負の数が現れないようにすべての指数に 127 を加えた後で8ビットで表すということにする．すると，図 3.11 に示すように指数部の -126 から 127 にはそれぞれ 1 から 254 が対応づけられることとなる．このように 127 を加えた表現のことを，**ゲタばき表現** (biased representation) と呼ぶ．したがって，指数が e のとき，指数部には $E = e + 127$ が入っていることになり，指数部の内容 E から 127 を引くと，正しい指数 $E - 127 (= e)$ を取り出すことができる．ゲタばきさせることによっ

ゲタばき前	-126	-125	$\cdots$	-1	0	1	$\cdots$	127
ゲタばき後	1	2	$\cdots$	126	127	128	$\cdots$	254

図 **3.11** +127 のゲタばきした指数部の値

て指数部には常に正の 8 桁 2 進数が入ることになるので，上の例に述べたような大小関係の逆転が起ることはなくなる．

次に仮数部の 23 ビットについて説明する．仮数を

$$d_0.d_{-1}d_{-2}\cdots d_{-23}$$

と表すとすると，正規化を仮定すると常に $d_0 = 1$ となる．そこで，仮数部には，$d_{-1}, d_{-2}, \ldots, d_{-23}$ の 23 ビットを置くものとする．このように実際の仮数部の "$d_0.$" は省略して表す．これまで述べてきたことをまとめると，符号が S，指数部が E，仮数部が $d_{-1}d_{-2}\cdots d_{-23}$ の表現が表す数は次のように表される．

$$(-1)^S \times 2^{E-127} \times (1 + d_{-1} \times 2^{-1} + d_{-2} \times 2^{-2} + \cdots + d_{-23} \times 2^{-23}).$$

これまで，仮数は 0 ではないと仮定して $d_0 = 1$ とした．では，0 はどう表すのであろうか．図 3.11 に示すように，ゲタばき表現では，正規化した表現の指数部 E は $1 \leq E \leq 254$ であるので，0 は $E = 0$，$M = 0$ として表すことにする．ただし，S は 0 も 1 もあり得るとするので，正の 0 と負の 0 が表現として存在するということになる．

この節を終えるに当り，図 3.7 の IEEE 標準規格の各部に割り当てるビット数の配分について述べる．符号は正負の 2 種類であるので，1 ビットを割り当てるのはよいとして，残りの 31 ビットを指数部へ 8 ビット，仮数部へ 23 ビット割り当てるのはなぜであろうか．その妥当性については，本書の範囲を超えるので省略するが，指数部の大きさと仮数部の大きさの間にはトレードオフ（trade-off）の関係があることを注意しておきたい．

ところで，トレードオフとは，一方を良くすると他方は悪くなるという二律背反の関係や状態のことである．評価する軸が 2 つあって，2 つの軸の評価がちょうどシーソーの両端の関係にあり，一方を高くすると他方が低くなるという関係である．ところで，図 3.7 の標準規格で表される値については，表示可能な範囲と精度という 2 つの評価尺度がある．ここで，範囲は指数部のビット数で決まり，精度は仮数部のビット数で決まる．精度は有効桁で決まり，有効

桁は仮数部のビット数で決まるからである．ただし，実際は，これまで説明してきたように仮数部のビット数に1を加えたものが有効桁となっている．図3.7の標準規格で指数部を8ビットとし，仮数部を23ビットとしたのは，範囲と精度の評価軸の間でバランスをとり，31ビットを配分した結果である．このようにトレードオフの関係にあるパラメータは，一般に両者のバランスをとり，全体として最適となるように設定される．トレードオフの関係にあるパラメータを全体としての性能が最適となるように設定するということは，コンピュータの設計に関わる多くの場面に現れてくる．

4 論理回路と記憶回路

　コンピュータを構成する電子回路はその働きによって論理回路と記憶回路に分かれる．論理回路は2進列を変換するものであり，記憶回路は2進列を記憶しておくものである．コンピュータの計算では，記憶回路から読み出した2進列を論理回路で変換し，それを記憶回路へ書き戻すということが繰り返される．この繰り返しを実行する電子回路は階層構造となっている．この章では，コンピュータのさまざまの装置が，最小の機能単位である論理ゲートからどのように組み立てられるかについて説明する．

4.1　論理回路と記憶回路

論理回路と離散回路

　ハードウェアとは，コンピュータを構成している"もの"それ自体を意味する．物理的にコンピュータを構成しているものを捉えた用語である．ハードウェアはさまざまのものからなるが，その中で中心的な働きをしているのが，電子回路である．電子回路はさまざまの働きをする膨大な数の装置がワイヤ（電線）で相互に接続されたものである．そのワイヤ上を0と1の信号が流れる．本書では，1と0の信号が電子回路を流れるということを前提として話を進める．実際には，信号の1と0は，それぞれ電圧の高いことと低いことに対応させるが，その詳細には触れない．そのうえで，電子回路を構成するさまざまの装置の働きやその働きを実現するために1と0の信号が各装置でどのように変換されるかについて説明する．なお，ソフトウェアは，ハードウェアと対比される用語でコンピュータを働かせるプログラムを意味する．ただし，ソフトウェアには総括的な意味合いがあって，たとえば，コンピュータはハードウェアとソフトウェアから構成されるなどと用いられる．

　電子回路を構成する装置は規模の小さいものから大きいものまでさまざまであるが，イメージをもってもらうために，図4.1の加算や乗算をする装置を取

4. 論理回路と記憶回路

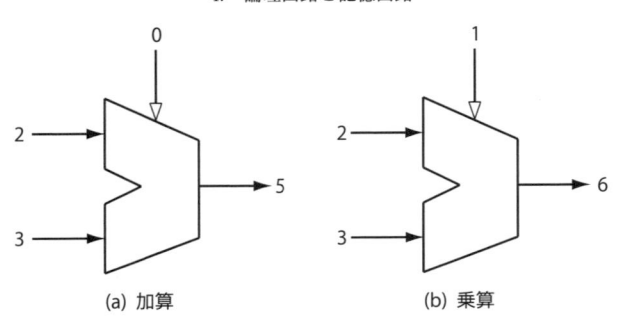

図 4.1 加算と乗算を行う離散回路の入出力例

り上げる．この装置は第1章で説明した ALU と呼ばれるものである．図 4.1 に示すように，この装置は3つの入力と一つの出力をもっている．この図の (a) と (b) では，それぞれ加算と乗算を実行させたときの入力と出力の信号の例を与えている．この図に示すように，上からの入力で加算か乗算かの演算が指定され，左からの入力にその演算を施したときの結果が右から出力される．

ところで，電子回路には信号0と1しか現れない．図 4.1 の回路に現れる 2, 3, 4, 5, 6 の値は，電子回路ではどう表すのであろうか．図 4.2 の回路がこれらの数値をどう表すかを示している．この図に示すように，これらの数値に2進列をコードとして対応させて，電子回路ではそのコードを信号として処理する．図 4.2 では，これらの数値を4桁の2進数として表している．この例では，上に高位の桁がきて，下に低位の桁がくるように表している．

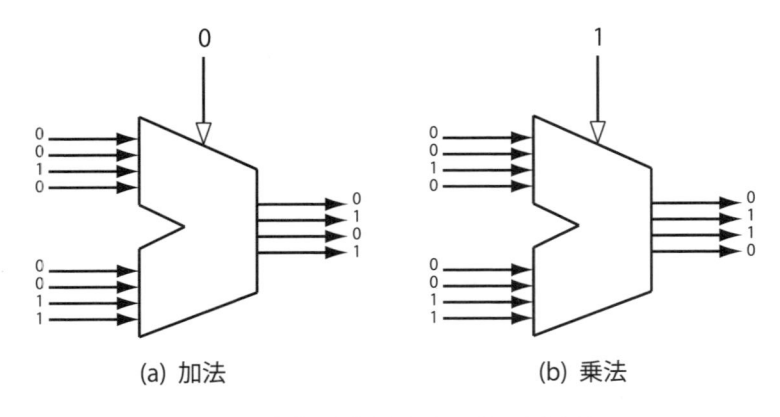

図 4.2 加算と乗算を行う論理回路の入出力例

4.1 論理回路と記憶回路

　コンピュータで扱われるデータは，数値だけでなく，コンピュータを動かす命令そのものにまで及ぶ．あるいは，マイクでひろった音声データのように外から取り込まれるデータも扱う．コンピュータは実にさまざまのデータを扱うが，すべてとびとびの値をもつ．音声データは元々は連続的な値をもつデータであるが，コンピュータは，音声データをサンプリングして，とびとびの値を表す2進系の時系列として扱う．このように，とびとびの値をとびとびの時刻に取り込んでも，元の音声を復元できるということを理論的に説明することができるのであるが，本書の扱う範囲を越えるので省略する．

　とびとびの値のことを**離散値**という．そこで，図4.1の装置を**離散回路**と呼ぶことにする．これに対して，0と1の信号を扱う図4.2の装置は**論理回路**と呼ぶ．本章では，ハードウェアの働きを考えていくので，主として論理回路を扱うが，より上位のレベルでコンピュータの働きを考える場合は離散回路を使うと都合がよい．というのは，離散回路は，入力や出力の値として許されるものの個数が，あらかじめ決められた数以下に限られているのであれば，どんなデータでも扱えるからである．また，論理回路（logic circuit）のことを，**組み合せ回路**（combinational circuit）と呼ぶこともある．ところで，推論が正しいかどうかを論じる論理学という分野があるが，この分野で扱う真と偽にそれぞれ1と0を対応させることがあるため，論理回路という呼び名が使われるようになった．本書でもこの用語を用いることにし，1と0を2種の信号，あるいは値と捉えることにする．ところで，図4.2の4桁の2進数では高々15までしか表せず，現実的ではないがこれは単に説明のための例と考えてもらいたい．実際，本書では一つのデータを32ビットを使って表すことにするが，正の整数を表すのに32ビットを使うことにすると，$2^{32} - 1$（約40億）の数を表すことができる．

　コンピュータの構成は**階層化**されている．一つの階層のコンポーネントから**モジュール**をつくり，その一つ上の階層では，このように構成されたモジュールがコンポーネントとなってその階層のモジュールを構成するということが繰り返される．この階層の最上位に得られるものがコンピュータであり，最下位のコンポーネントが**論理ゲート**（または単にゲート）である．実際，この階層構造で，論理ゲートを組み合わせて2進数の加算回路をつくり，加算回路を組み合わせてALUをつくり，ALUとその他の装置を組み合わせてCPUをつくる．実際には，個々の論理ゲートはさらにトランジスタなどの回路素子によっ

て構成されているのであるが，本書ではそこまではふみこまないこととする．

記 憶 回 路

これまで述べてきた回路には，論理回路であれ離散回路であれ，ある時点での入力によりその時点の出力が一意に決まるという性質があった．しかし，望みの機能が過去の入力の履歴に依存する場合は，このような性質をもったものからだけでは構成できない．このように，現在の入力だけでなく，過去の入力の履歴にも依存して出力が決まる回路を**記憶回路**と呼ぶことにする．記憶回路の典型的な例は，文字通りデータを記憶しておく回路である．プログラムカウンタはその例で，次に実行する命令の番地を蓄えておく．また，次に実行すべき命令の番地に記憶内容を更新する必要もある．さらに，コンピュータのメモリそのものも記憶回路である．メモリには膨大な数の2進列を記憶するだけでなく，記憶されている内容を読み出したり，新しい内容を書き込む機能も必要となる．

プログラムカウンタもメモリも，記憶内容に関してはある時点のデータを単に書き留めておくという働きである．次に，過去のすべての入力に依存して記憶する内容が決まるという回路の例を取り上げる．

回路が記憶する信号を回路の**状態**と呼ぶことにする．そのうえで，入力，出力，状態を時系列として扱うこととし，時刻 t の入力，出力，状態をそれぞれ i_t, o_t, s_t と表す．ここで，入力と状態は2桁の2進数で表し，出力は1桁の2進数とする．図 4.3 に，入力，出力，それに状態の時系列の例を与えている．ここで，入力と状態の2進数表示の下に対応する10進数をカッコで囲い示してある．このように入力と状態は2桁2進数で表したり，$\{0,1,2,3\}$ で表したりすることにする．この例では，s_t と i_t から o_t と s_{t+1} がそれぞれ次のように定まるとしている．

$$o_t = f_{\text{out}}(s_t, i_t) = \begin{cases} 1 & s_t + i_t \geq 4 \text{ のとき} \\ 0 & \text{それ以外のとき,} \end{cases}$$

$$s_{t+1} = f_{\text{state}}(s_t, i_t) = s_t + i_t \pmod 4.$$

このように o_t と s_{t+1} を定義すると，開始状態 s_0 を 00 とし，入力の系列 $i_0, i_1, i_2, \ldots$ を与えると，状態と出力の系列が上の式より次々と決まる．図 4.3 はその系列例を与えている．また，このように定義すると，各時刻の状態 s_t は，

4.1 論理回路と記憶回路

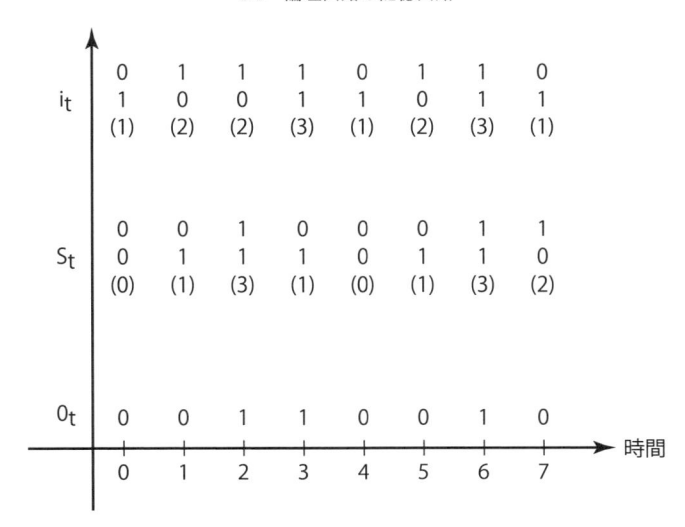

図 4.3 入力 i_t, 出力 o_t, 状態 s_t の時系列の例

その時刻の一つ前の時刻までの入力の総和を 4 で割った余りに等しくなる．式で表せば

$$s_t = i_0 + i_1 + \cdots + i_{t-1} \pmod{4}$$

となる．

表 4.4 に f_{out} と f_{state} を与えている．すなわち，s_t と i_t の組み合せに対して，$(f_{\text{out}}(s_t, i_t), f_{\text{state}}(s_t, i_t))$ を示してある．このように定式化したものを，一般に **順序回路**（sequential circuit）と呼ぶ．この例の順序回路は，f_{out} と f_{state} を計算する離散回路と状態を記憶しておくものを組み合わせてつくることができることがわかる．その構成を図 4.5 に示す．ここで，離散回路は，s_t と i_t か

表 4.4 $(f_{\text{out}}(s_t, i_t), f_{\text{state}}(s_t, i_t))$ の表

s_t \ i_t	0	1	2	3
0	(0,0)	(0,1)	(0,2)	(0,3)
1	(0,1)	(0,2)	(0,3)	(1,0)
2	(0,2)	(0,3)	(1,0)	(1,1)
3	(0,3)	(1,4)	(1,1)	(1,2)

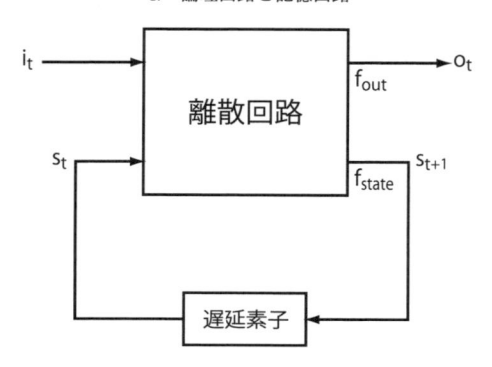

図 4.5 順序回路の構成

ら s_{t+1} と o_t を計算する．また，遅延素子は右側から入れられた状態を 1 単位時間かけて左側から出すような記憶素子である．

ところで，論理回路の場合は，入力された信号は出力の方へ向かって伝搬していき，やがては回路を通り抜け信号が回路に保存されることはない．そのため，記憶回路でデータを記憶するためには論理回路にはない仕組みが必要となる．その一つの仕組みとしてこの章の 4.4 節では，回路の接続をループ状にして信号をこのループで保持する方法について説明する．

4.2　論理回路と論理関数

論理回路とリレー回路

論理回路を構成する最も小さいコンポーネントを論理ゲートとする．すべての論理回路は論理ゲートから構成されると言い換えてもよい．この小節では，本書で扱う論理ゲートついて説明する．

初めに取り上げるのは，**OR** ゲート，**AND** ゲート，**NOT** ゲートと呼ばれる論理ゲートである．図 4.6 にこれらのゲートの表示を与えている．これらのゲートでは左側から 0 や 1 の入力が入り，右側の出力へと伝わりゲートを通り抜ける．このときの入力と出力の対応関係を表 4.7 で示している．この表のように入力のすべての組み合せに対して対応する出力をまとめたものを**真理値表**という．論理ゲートの場合に限らず，この表のように入力と出力の対応関係を表したものはすべて真理値表という．ところで，1 は真と解釈され T と表され

4.2 論理回路と論理関数

図 4.6 論理ゲート

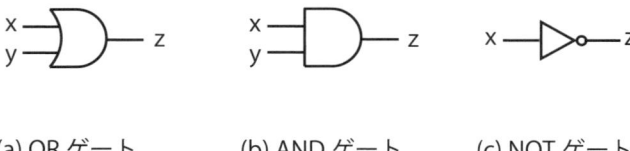

(a) OR ゲート（論理和ゲート）
(b) AND ゲート（論理積ゲート）
(c) NOT ゲート（否定ゲート）

表 4.7 論理ゲートの真理値表

(a) OR ゲート

x	y	z
0	0	0
0	1	1
1	0	1
1	1	1

(b) AND ゲート

x	y	z
0	0	0
0	1	0
1	0	0
1	1	1

(c) NOT ゲート

x	z
0	1
1	0

ることもあり，0は偽と解釈され F と表されることもある．このような解釈があるため，1や0の値は真理値と呼ばれ，真理値表という呼び名が使われている．さらに，論理ゲートや論理回路などの名称もこの解釈に基づいている．このような名称のつけ方や解釈を別にすれば，本書では，ほとんどの場合，1や0を真偽の意味をもたない単なる信号とみなす．次に，表 4.7 の真理値表が与える入力と出力の対応関係をみていくことにする．

表 4.7 の (a) の関係より，"z が 1" となるのは，"x が 1" となるか，または，"y が 1" となるときである．同様に，(b) の関係より，"z が 1" となるのは，"x が 1" で，かつ，"y が 1" となるときである．図 4.6 や表 4.7 の x, y, z のように，1 と 0 の値をとる変数を**論理変数**と呼ぶ．このように出力が "1" となる条件の説明の中の "または" と "かつ" に注目して，(a) と (b) のゲートはそれぞれ **OR ゲート**（または，**論理和ゲート**）と **AND ゲート**（または，**論理積ゲート**）と呼ばれる．これまでの説明では，OR ゲートや AND ゲートは 2 入力としているが，これらのゲートは 2 以上の入力を許すものとする．実際の電子回路では実現できる入力数はある程度限定されるが，以降の説明ではこれらのゲートでは入力数に制限を置かないものとする．多入力の場合の入力と出力の関係は次のようになる．すなわち，OR ゲートの出力が 1 となるのは，少な

くとも一つの入力が1となるときであり，また，ANDゲートの出力が1となるのは，すべての入力が1となるときである．また，(c)のNOTゲートは1入力に限定され，表4.7の(c)に示すように入力が反転されて出力される．このような入出力の関係から反転ゲートと呼んでもよいのであるが，慣習に従って**NOT**ゲート（または，否定ゲート）と呼ぶことにする．

次にORゲートとANDゲートからなる簡単な論理回路について説明する．この回路では3入力のORゲートとANDゲートを使うので，2入力の場合と同様に表4.9にまとめておく．さらに一般化して，任意の自然数nに対してn入力のORゲートやANDゲートを考えることもできる．取り上げるのは，図4.10の2つの論理回路である．これらの回路において，出力が"1"となる条件を次のようにまとめることができる．図4.10の(a)の回路については，

1, 2, 3のうちの少なくとも一つのサフィックスiに対して，$x_i = 1$
かつ$y_i = 1$.

(4.1)

同じく(b)の回路については，

(a) ORゲート　　　　(b) ANDゲート

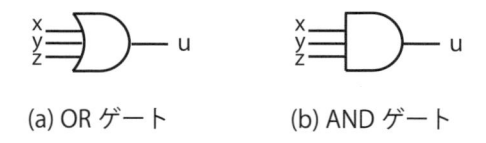

図 4.8　3入力論理ゲート

表 4.9　3入力論理ゲートの真理値表

x	y	z	u	x	y	z	u
0	0	0	0	0	0	0	0
0	0	1	1	0	0	1	0
0	1	0	1	0	1	0	0
0	1	1	1	0	1	1	0
1	0	0	1	1	0	0	0
1	0	1	1	1	0	1	0
1	1	0	1	1	1	0	0
1	1	1	1	1	1	1	1
(a) ORゲート				(b) ANDゲート			

4.2 論理回路と論理関数

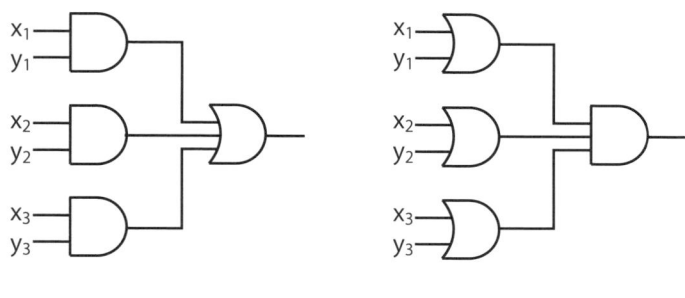

(a) 積和形論理回路の例　　**(b) 和積形論理回路の例**

図 4.10　論理回路の例

$$1, 2, 3 \text{ のすべてのサフィックス } i \text{ に対して, } x_i = 1 \text{ または } y_i = 1. \tag{4.2}$$

図 4.10 の回路で "1" が出力される条件がこのように表されることは，OR ゲートが "または" と解釈され，AND ゲートが "かつ" と解釈されることより，容易にわかる．これまで説明してきたように，AND ゲートの演算を**論理積**と呼び，OR ゲートの演算を**論理和**と呼ぶ．そのため，図 4.10 の (a) の場合のように，論理積をとった後に論理和をとるタイプを**積和形**と呼び，逆に，(b) の場合のように，論理和をとった後に論理積をとるタイプを**和積形**と呼ぶ．

これまで説明してきた論理ゲートや論理回路が実現する入力と出力の関係を直観的に捉えるためにリレー回路を導入する．以下の具体的な例で説明するように，**リレー回路**とは，開いているか，閉じているかの 2 つの状態のうちのいずれかをとるリレーと呼ばれる素子を直列または並列に相互に接続してできる回路である．これまで出力が 1 となる条件を，"かつ" や "または" の解釈に基づいて説明してきたが，リレー回路を導入すると，出力が 1 となる条件を一目瞭然に理解してもらえると思う．

図 4.10 の 2 つの論理回路にそれぞれ図 4.11 の 2 つのリレー回路が対応する．論理変数には，図 4.12 に示すリレーが対応する．OR ゲートは，そのゲートの入力に相当するものを**並列接続**することに対応し，AND ゲートはそのゲートの入力に相当するものを**直列接続**することに対応する．そして，論理回路で値 1 をとるということは，リレー回路でつながるということに相当する．入力の論理変数の値を 1 とするということは，その変数に対応するリレーを閉じると

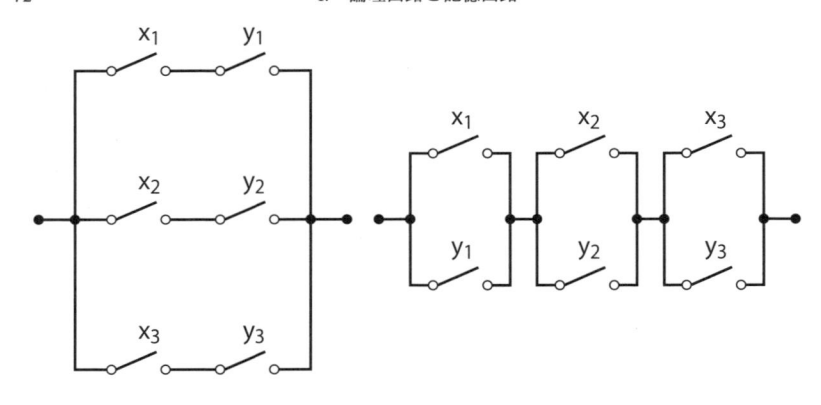

(a) 積和形に対応するリレー回路　　　(b) 和積形に対応するリレー回路

図 4.11　図 4.10 の論理回路に対応するリレー回路

(a) x = 0 のとき　　　　　　(b) x = 1 のとき

図 4.12　ラベルが x のリレーの動作

いうことに相当する．また，論理回路の出力が 1 ということは，リレー回路の両端の端子がつながっていることに相当する．論理回路では入力の論理変数に 0 や 1 の値を割り当てると出力の値が 0 や 1 に決まるが，これはリレー回路の個々のリレーの開閉からリレー回路全体の開閉が決まることに対応している．ところで，論理回路とリレー回路の対応も図 4.10 や図 4.11 のような簡単な場合は容易に理解できる．

しかし，回路が複雑になると両者の対応関係を与える一般的な方法が必要となる．図 4.13 と図 4.14 は，その一般的な方法として，A や B では論理回路と対応するリレー回路が与えられているという前提のもとに，A や B を組み立てたものに対して，論理回路とリレー回路の対応を与えている．ポイントは，論理回路 A と B の出力を OR ゲートに入力する場合は，リレー回路 A と B を並列接続し，論理回路 A と B 2 出力を AND ゲートに入力する場合は，リレー回

4.2 論理回路と論理関数

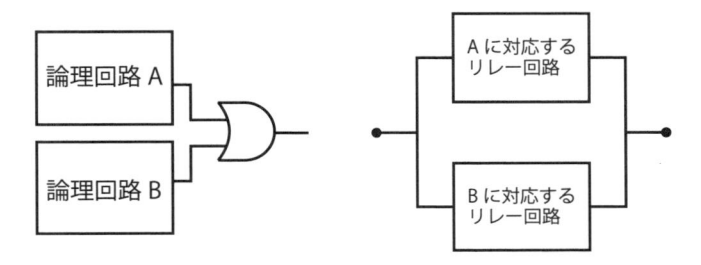

図 4.13 OR ゲートと対応する並列接続

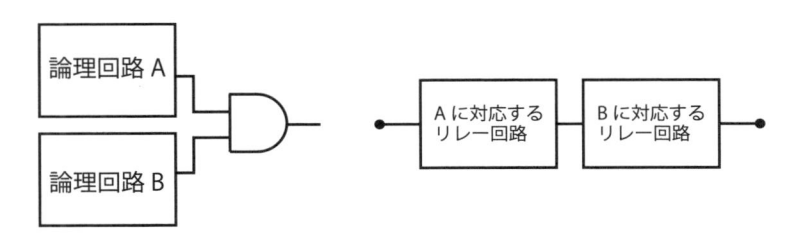

図 4.14 AND ゲートと対応する直列接続

路 A と B を直列接続するということである．この変換規則を適用すれば，図 4.10 のような積和形や和積形のような **2 段回路**に限らず，もっと複雑な回路の場合でも対応関係を機械的に導くことができる．

この小節を終わる前に，論理ゲートとしてさらに 3 種類のゲートを付け加えておく．NOR（ノア）ゲート，NAND（ナンド）ゲート，XOR（エックスオア）ゲートの 3 つである．図 4.15 にそれらのゲートの表示を示し，表 4.16 にそれぞれの真理値表を与える．**NOR** ゲートの N は NOT を意味し，OR ゲートの出力を否定したもので，図 4.15 の出力の小さい丸は出力を反転することを表している．同様に **NAND** ゲートは AND ゲートの出力を否定したものである．**XOR** ゲートは，入力が 11 のとき出力が 0 となる点だけが OR ゲートと違う．このように 1 を出力する 3 つの入力から 11 を排除するので，この演算

(a) NOR ゲート　　(b) NAND ゲート　　(c) XOR ゲート

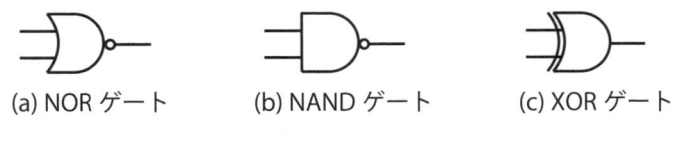

図 **4.15**　論理ゲート

表 4.16 論理ゲートの真理値表

x	y	z
0	0	1
0	1	0
1	0	0
1	1	0

(a) NOR ゲート

x	y	z
0	0	1
0	1	1
1	0	1
1	1	0

(b) NAND ゲート

x	y	z
0	0	0
0	1	1
1	0	1
1	1	0

(c) XOR ゲート

は排他的論理和（exclusive OR）と呼ばれる．このことから，OR ゲートを包含的論理和（inclusive OR）と呼んでもよいのであるが，最近はこの呼び名はほとんど聞かれない．ところで，"または"と言った場合，通常は排他的論理和を意味することが多い．たとえば，「m と n を相異なる自然数とすると，$m < n$ が成立するか，または，$m > n$ が成立する」の用例などは排他的である．

論理ゲートの万能性

OR ゲート，AND ゲート，NOT ゲートから構成される論理回路は入力と出力の対応関係を与える．この小節ではこの対応関係が論理関数として表されることを示した後，どんな論理関数でも OR ゲート，AND ゲート，NOT ゲートから構成される論理回路で計算されることを説明する．ある論理ゲートのセットで，どんな論理関数でもそれを計算する論理回路を構成できるとき，その論理ゲートのセットを**万能**と呼ぶ．そこで，これから説明することを次のようにまとめておく．

> **{OR ゲート，AND ゲート，NOT ゲート}の万能性**: 任意の論理関数に対して，その関数を計算する論理回路を OR ゲート，AND ゲート，NOT ゲートで構成することができる．

さて，これまで見てきたように，**論理回路**とは，入力と論理ゲートを相互に接続して，出力のワイヤを指定したものである．入力に真理値の 1 や 0 を割り当てると，これらの値は出力に向かって進みながら論理ゲートを通過するたびに，そのゲートの出力の真理値が決まり，ついには出力にたどり着き，出力の真理値が決まる．このように論理回路では，入力の 1 と 0 の割り当てに出力の 1 と

0 の割り当てが対応する．n 入力，1 出力とすると，この対応関係は，$\{0,1\}^n$ から $\{0,1\}$ への関数として捉えることができる．ここで，$\{0,1\}^n$ は長さ n の 2 進列の集合で，たとえば，$n=3$ の場合は

$$\{0,1\}^3 = \{000, 001, 010, \ldots, 111\}$$

となる．n 入力には，それぞれ論理変数を $x_1, \ldots, x_n$ を割り当てるとすると，2 進列 $x_1 \cdots x_n$ は n 個の入力への真理値の割り当てを表す．一般に，関数 $f(x_1, \ldots, x_n) : \{0,1\}^n \to \{0,1\}$ を**論理関数**という．この論理関数は，2^n 個の 2 進列 $x_1 x_2 \cdots x_n$ に対応する出力の真理値 $f(x_1, x_2, \ldots, x_n)$ を与える真理値表として表すこともできる．このように，n 入力の論理回路は一つの n 変数論理関数を計算することになる．

これまで，論理回路が与えられるとこの回路が計算する論理関数が決まることを説明した．次に，この逆，どんな論理関数が与えられたとしても，この関数を計算する論理回路を構成できることを説明する．初めに，具体的に 3 変数論理関数を与えて，これを計算する回路を構成できることを示し，この構成法を一般化すれば，どんな n 変数論理関数に対してもこれを計算する回路を構成できることを示す．実際，この回路を構成するのに用いる論理ゲートは OR ゲート，AND ゲート，NOT ゲートの 3 種類なので，{OR ゲート，AND ゲート，NOT ゲート} は**万能**ということが導かれることとなる．

取り上げる論理関数は，表 4.17 の真理値で与えられるものとする．そしてこの論理関数を計算する論理回路を図 4.18 に与える．この論理回路の構成法は極

表 4.17　論理関数の例

x_1	x_2	x_3	$f(x_1, x_2, x_3)$
0	0	0	0
0	0	1	1
0	1	0	0
0	1	1	0
1	0	0	0
1	0	1	1
1	1	0	1
1	1	1	1

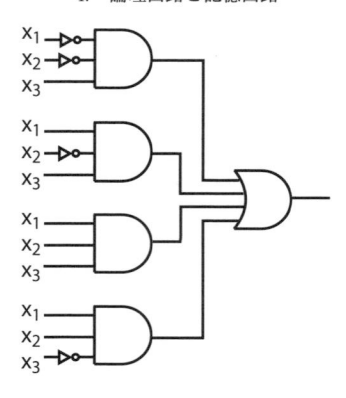

図 4.18 表 4.17 の論理関数を計算する論理回路

めて簡単である．次にこの構成法を説明する．

与えられた真理値表で関数の値が1となるすべての行に対して，その行の入力の値の組み合せのときだけ1を出力する AND ゲートをつくり，これらの AND ゲートの出力を一つの OR ゲートに入力する．このように構成された論理回路は明らかに初めに与えられた真理値表を計算する．次に，注目する行の真理値の組み合せだけ1とする AND ゲートの構成について説明する．表 4.17 の真理値表の2行目の $(x_1, x_2, x_3) = (0, 0, 1)$ の場合に注目しよう．この行は，図 4.18 の論理回路の一番上の AND ゲートに対応している．この場合，3つの変数の値として $(x_1, x_2, x_3) = (0, 0, 1)$ が入力されるが，回路の2つの NOT ゲートにより値が反転され，AND ゲートには $(1, 1, 1)$ が入力されるので，このゲートは1を出力する．他の AND ゲートの場合も同様である．これまで述べた論理回路の構成法が，n 変数論理関数の場合に一般化できることは明らかであろう．この一般化された論理回路の構成法では，OR ゲート，AND ゲート，NOT ゲートしか使わない．したがって，以上のことより，{OR ゲート，AND ゲート，NOT ゲート} が万能であることが説明されたことになる．

また，万能であるためにこの3種類のゲートが必要な訳ではなく，{OR ゲート，NOT ゲート} や {AND ゲート，NOT ゲート} も万能であること，しかし，{OR ゲート，AND ゲート} は万能ではないことを導くこともできる．さらに，1種類の論理ゲートで万能となることもあり，{NOR ゲート}，{NAND ゲート} はいずれも万能であることも導くことができる．たとえば，{OR ゲート，NOT ゲート} が万能であることを導くためには，AND ゲートの入出力の対応

4.2 論理回路と論理関数

関係を OR ゲートと NOT ゲートで実現できることを示せば十分である．なぜならば，これが示せれば，{OR ゲート，NOT ゲート } で {OR ゲート，AND ゲート，NOT ゲート } のゲートが実現できることとなるからである．

　コンピュータで論理回路が実行しているのは，命令を解釈し実行したり，現実のデータを処理するための変換である．この変換は入力や出力の表現の仕方を前提とした上で，データ x からデータ y への関数 f と捉えられる．すなわち，このような x と y のどのような対に対しても $y = f(x)$ となるような関数である．このような x と y の対が有限個であるとき，この関数を**離散関数**と呼ぶ．離散回路は，実際の表現を前提とした上で，この離散関数を計算するものと捉えられる．論理回路も，扱う信号が 2 進列に限定されているが，実質的に計算しているのはこの変換である．すなわち，図 4.19 に示すように，離散回路が計算する変換を，符号化，論理回路，復号化による 3 つの変換を順次施して実現する．図 4.19 の n や m は符号化や復号化より決まる 2 進列の長さである．すなわち，符号化も復号化も離散回路のそれぞれ入力や出力と 2 進列を 1 対 1 に対応づけるものである．したがって，離散回路の入力値が p 個あるとすると，n は $p \leq 2^n$ を満たす整数である．同様に出力値が q 個あるとすると，m は $q \leq 2^m$ を満たす整数である．図 4.19 は，どんな離散回路でも，適当な符号化と復号化を仮定することにより，多出力の論理回路として実現されることを示している．一方，n 入力 m 出力の論理回路は，等価な m 個の n 入力 1 出力論理回路として表される．したがって，これまで説明してきた論理関数に対する万能性より，次の**離散関数に対する万能性**が導かれる．

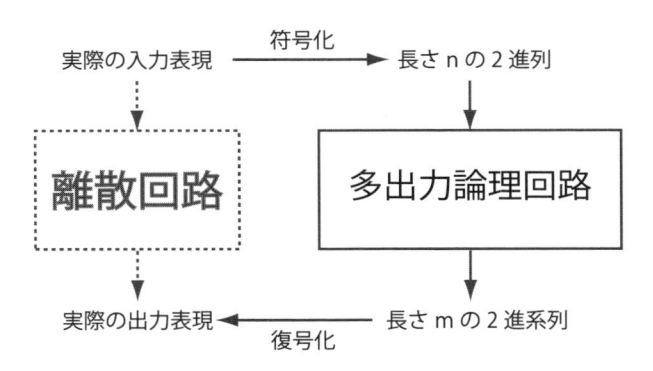

図 4.19 論理回路の解釈

> **離散関数に対する {OR ゲート，AND ゲート，NOT ゲート} の万能性:**
> 任意の離散関数に対して，適当に符号化と復号化を定めると，その離散関数を符号化，論理回路，復号化の 3 つの変換を順次施して実現できる．さらに，この論理回路を OR ゲート，AND ゲート，NOT ゲートで構成することができる．

　この離散回路に一般化された万能性は重要なポイントであるので，しっかりと掴んでおいてもらいたい．大雑把に言えば，どのように表された入出力の対応関係でも，入力により出力が一意に決まるものであれば，適当な符号化と復号化を仮定することにより，2 進列の間の対応関係として捉えることができる．さらに，その対応関係を計算する論理回路を，OR ゲート，AND ゲート，NOT ゲートだけを使って構成することができる．

積和形論理式の簡単化

　前の小節では与えられた論理関数を計算する論理回路の構成法を説明した．しかし，この構成法で得られた論理回路はサイズが大きくなることが多く，簡単化する必要がある．たとえば，表 4.17 の真理値表で与えられる論理関数を計算する図 4.18 の論理回路は図 4.20 のように簡単化できる．この小節では，この簡単化について説明する．

　論理ゲートの出力の本数をファンアウト（fan out）という．この節ではファンアウト 1 のゲートからなる論理回路に限定して話を進める．前の小節の構成法で得られる積和形論理回路はこの制約を満たす．この制約のある論理回路はそのまま論理式として表される．たとえば，図 4.18 や図 4.20 の論理回路を論理式として表すとそれぞれ次のようになる．

$$\bar{x}_1\bar{x}_2 x_3 + x_1\bar{x}_2 x_3 + x_1 x_2 x_3 + x_1 x_2 \bar{x}_3,$$
$$\bar{x}_2 x_3 + x_1 x_2.$$

ここで，論理和の演算は + で表し，論理積の演算は省略して，論理否定の演算は ¯ で表している．ファンアウト 1 の制約があると，回路と式という表現上の違いはあるにしろ，両者の間には本質的な違いはないことがわかる．このように，**論理式**とは，論理変数に論理演算を施して得られる表現である．論理変数 x，またはその否定 $\bar{x}$ を**リテラル**（literal）と呼ぶ．そして，1 個以上のリテラ

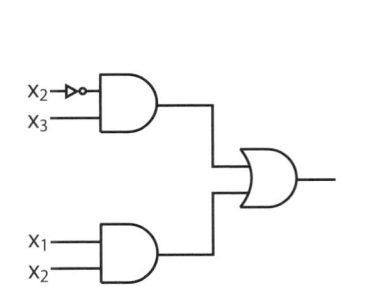

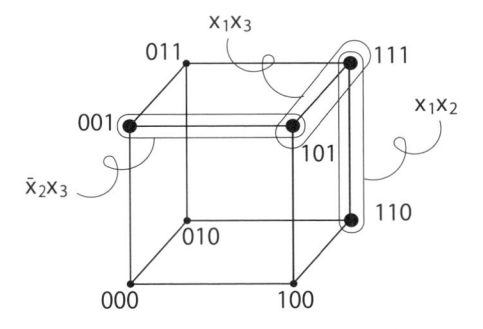

図 4.20 図 4.18 の回路を簡単化した論理回路

図 4.21 論理式の簡単化を説明するブーリアンキューブ

ルに論理積を施したものを項（term）という．たとえば，$x_1\bar{x}_2x_3$ や $\bar{x}_2x_3$ などは項である．図 4.21 は 3 次元ブーリアンキューブ（Boolean cube）と呼ばれるもので，図 4.18 の回路が図 4.20 の回路に簡単化されることを表している．この図の頂点は変数 x_1, x_2, x_3 への真理値の割り当てを表しており，大きい黒丸の頂点は関数の値を 1 とする割り当てを表している．また，この図では，頂点の集合（隅を丸めた長方形で表わされている）と対応する項との関係も示している．この図より，$\bar{x}_2x_3$ と x_1x_2 の 2 つの項で，4 点 001，101，111，110 の 4 頂点をカバーしているので，x_1x_3 に対応する AND ゲートは不要となり，図 4.20 の論理回路がこの論理関数を計算することになる．

図 4.22 に別の論理関数の例を与える．この関数は，$x_3+x_1\bar{x}_2$ とも $x_3+x_1\bar{x}_2\bar{x}_3$

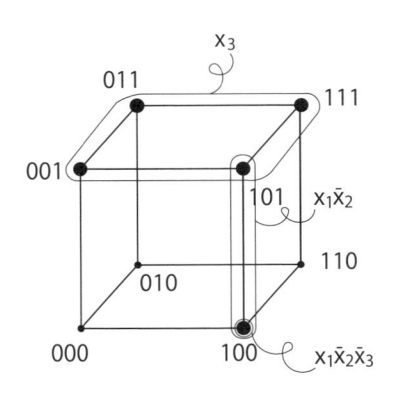

図 4.22 $x_3+x_1\bar{x}_2$ や $x_3+x_1\bar{x}_2\bar{x}_3$ と表される論理関数の例

とも表されるが，$x_3 + x_1\bar{x}_2$ の方が簡単な論理式である．

　一般に，論理関数の値を 1 とする頂点の集合をオンセット（on-set）と呼び，0 とする頂点の集合をオフセット（off-set）と呼ぶ．ここで，頂点は論理関数の論理変数に対する真理値の割り当てに対応する．また，項に対応する頂点の集合をキューブと呼ぶことにし，たとえば，$\{001, 101\}$ を *01 キューブ，$\{001, 101, 111, 011\}$ を **1 キューブなどと呼ぶことにする．ここで，* は 0 でも 1 でもかまわないという意味合いからドント・ケア（don't care）と呼ばれる．また，この 0, 1, * からなる系列そのものも対応する点集合を表しているとする．たとえば，

$$*01 = \{001, 101\},$$
$$**1 = \{001, 101, 111, 011\}$$

となる．この表現に現れる * の個数を次元と呼ぶ．特に，* が現れない場合は 0 次元で，この場合は対応するキューブは 1 つの頂点からなる．m 次元のキューブは 2^m 個の頂点からなる．

　これまでの例からもわかるように，最簡な積和形論理式を求める手順のあらましは次のようになる．

最簡な積和形論理式を求める手順（概略）：
1. オンセット内の極大なキューブをすべて求める．
2. 1 で求めたキューブからオンセットを覆うのに不要なものを除いて得られる積和形論理式を最簡なものとする．

　この手順の概略について少し説明しておく．まず，1 の極大なキューブとはそれ以上大きくするとオフセットにはみ出してしまうものである．たとえば，図 4.22 の例では，この場合は極大なキューブは **1 キューブと 10* キューブである．しかし，101 キューブや 1*1 キューブは極大ではない．また，図 4.21 の場合は，*01 キューブ，1*1 キューブ，11* キューブはすべて極大であるが，上の手順の概略の 2 でこのうち 1*1 は不要と判断される．この図の場合，1*1 が不要となることは一目瞭然である．しかし，変数の個数 n が大きくなり，オンセットが複雑な場合は不要なキューブがどれかは簡単には判断できなくなる．この判断について記述されていないので，この手順は概略的なものに過ぎない．

　このように極大なキューブというのは，オンセット内でキューブをぎりぎり

4.2 論理回路と論理関数

x_1 \ x_2x_3	00	01	11	10
0		1		
1		1	1	1

$\bar{x}_2 x_3$　$x_1 x_3$　$x_1 x_2$

x_1 \ x_2x_3	00	01	11	10
0		1	1	
1		1	1	1

$x_1 \bar{x}_2$　x_3

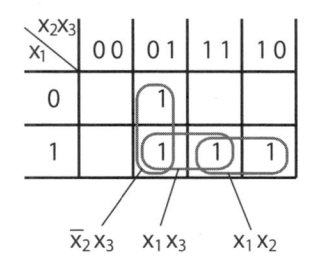

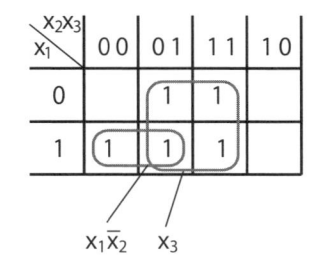

図 **4.23**　図 4.21 に対応するカルノー図　　図 **4.24**　図 4.22 に対応するカルノー図

のところまで大きくしていって得られるキューブで，それ以上大きくするとオンセットを超えてしまうようなものである．極大なキューブに対応する項を，対象とする論理関数のプライムインプリカント（prime implicant，主項）と呼ぶ．図 4.22 の場合，100 キューブは極大ではないので，10∗ キューブまで大きくして極大としていることに注意してほしい．このように，オンセットの頂点をすべて 0 次元のキューブとみなしてスタートし，キューブを極大となるまで大きくしていけば良いので，上に示す手順で必ずプライムインプリカントだけからなる論理式が求められることがわかる．

　最簡な論理式を求めるとき用いる図に，カルノー図（Karnaugh map）と呼ばれるものがある．図 4.21 と図 4.22 に対応するカルノー図をそれぞれ図 4.23 と図 4.24 で示す．カルノー図の各マス目には論理関数の値が示される．ただし，値が 1 のとき 1 と書き込み，値が 0 のときは空白にしている．また，各マス目は論理変数に対する真理値の割り当てにも対応していることは明らかであろう．

　カルノー図もブーリアンキューブも 4 変数程度までしか扱うことができない（カルノー図は，5 変数まで扱うことはできるが，少しわかり難い）．この小節を終えるに当たり，4 変数論理式の例を 2 つあげることにする．まず，最簡な論理式 $x_1 x_2 + x_1 x_4 + x_2 x_3 \bar{x}_4$ に対するブーリアンキューブとカルノー図を，それぞれ図 4.25 と図 4.26 に示す．ただし，これらの図では項の代わりにキューブを表す 0，1，∗ の系列表示を用いている．この例の場合，11∗∗，1∗∗1，∗110 で表されるキューブはいずれも極大である．また，これは極大なキューブに対応するプライムインプリカントがすべて最簡な論理式に現れている例である．すなわち，上で説明した手順の概要の **2** で不要と判断されるプライムインプリカントが存在しない例である．同様に，最簡な論理式 $x_1 x_2 + x_2 \bar{x}_4 + \bar{x}_2 x_4$ を表

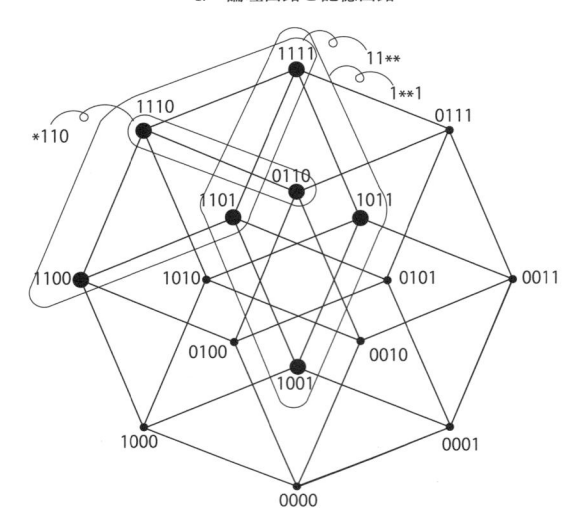

図 4.25　$x_1x_2 + x_1x_4 + x_2x_3\bar{x}_4$ を表すブーリアンキューブ

図 4.26　$x_1x_2 + x_1x_4 + x_2x_3\bar{x}_4$ を表すカルノー図

すブーリアンキューブとカルノー図をそれぞれ図 4.27 と図 4.28 に与えている．これも前の例と同様すべてのプライムインプリカントが最簡論理式に現れる例である．

　カルノー図で注意してほしいことは，一般に，最上行と最下行は隣接し，最左端列と最右端列は隣接していると解釈する点である．図 4.28 のカルノー図では，この事実より，*0*1 や *1*0 のキューブが構成されていることに注意してほしい．このように解釈できるようにするために，カルノー図の場合系列の並びを真理値表のときのように 00，01，10，11 ではなく，00，01，11，10 と

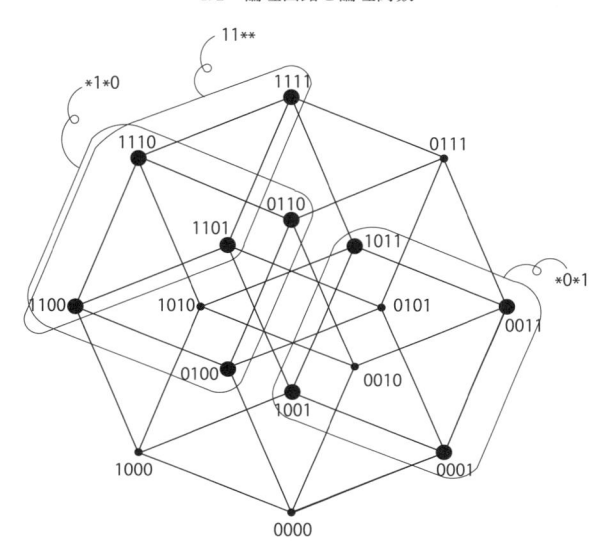

図 4.27　$x_1x_2 + x_2\bar{x}_4 + \bar{x}_2x_4$ を表すブーリアンキューブ

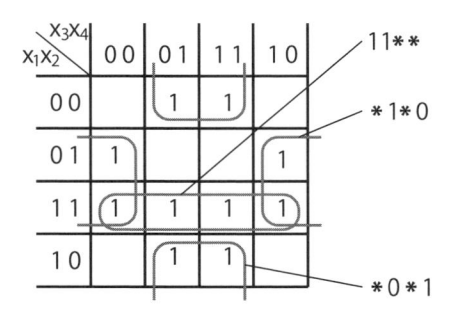

図 4.28　$x_1x_2 + x_2\bar{x}_4 + \bar{x}_2x_4$ を表すカルノー図

している．このような並びにした上で最初と最後が隣接していると解釈すると，隣り合うどの系列もちょうど 1 箇所で異なるようになっている．

これまで説明してきたように，カルノー図に基づいて最簡の積和形論理式を求めるのは，4 変数程度までに限られる．一般に，n 変数論理関数に対して，最簡の積和形論理式を求める問題は本書の範囲を超えるので触れないことにする．

ド・モルガンの法則

この小節では,論理和を $\vee$ で,論理積を $\wedge$ で,否定を ￣ で表す.それは,これから説明するド・モルガンの法則が論理和と論理積に関して対称性をもっているので,演算記号も対称性のあるものにしたいからである.ド・モルガン(De Morgan)の法則は,次の等式として表される.

$$\overline{x \vee y} = \bar{x} \wedge \bar{y},$$

$$\overline{x \wedge y} = \bar{x} \vee \bar{y}.$$

ここで,x と y は論理変数である.この等式の意味は,x と y にどんな真理値を代入しても左辺と右辺の値が等しいことを表す.この法則は,$\vee$,$\wedge$,￣ をそれぞれ集合に対する演算 $\cup$,$\cap$,￣ に置き換えた法則として学んでいる読者が多いと思う.ここで,$\cup$ は和集合を,$\cap$ は共通集合を,￣ は補集合をとる演算を表す.さらに,x と y を集合を表す記号とみなす.このように読み替えると,上の 2 つの等式は,左辺と右辺は同じ集合を表しているという,集合に関するド・モルガンの法則となる.

図 4.29 と図 4.30 は,ド・モルガンの法則を論理式の代わりに論理回路で表したものである.これらの図において,左側の回路から右側の回路への変換は次のように説明することができる.すなわち,出力ワイヤの否定ゲートを移動させ,ゲートを通過させ 2 つの入力ワイヤ上に出現させると同時に,ゲートの種類を変更させるという変換である.ここで,変更とは,OR ゲートから AND ゲートへ,あるいは,AND ゲートから OR ゲートへの変更である.この変換のルールは,次に示す 3 変数の場合のド・モルガンの法則に拡張される.

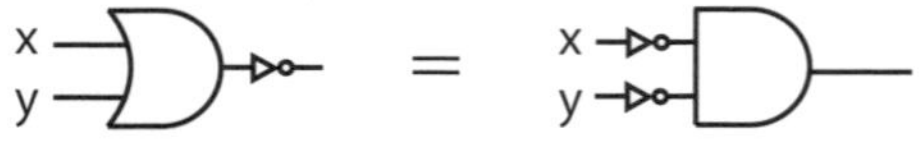

図 4.29 OR ゲートの否定に等価な論理回路

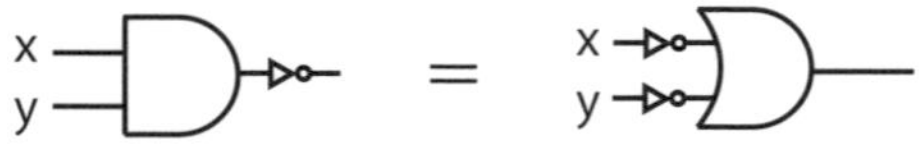

図 4.30 AND ゲートの否定に等価な論理回路

4.2 論理回路と論理関数

$$\overline{x \vee y \vee z} = \bar{x} \wedge \bar{y} \wedge \bar{z},$$

$$\overline{x \wedge y \wedge z} = \bar{x} \vee \bar{y} \vee \bar{z}.$$

最後に，次の2つの条件が等価であることを，ド・モルガンの法則を使って導くことにする．2つの条件とは次の論理変数 x_1, x_2, x_3 に関する条件 **A**, **B** である．

条件 **A**: x_1, x_2, x_3 の値がすべて同じとなることはない．

条件 **B**: 相異なる変数 x_i, x_j が存在して，$x_i \neq x_j$.

まず，これらの条件の意味するところから，この2つの条件が等価であることを確認してもらいたい．次に，これらの条件を論理式で表すことにすると，それぞれ次のようになる．

条件 **A** を表す論理式:

$$\overline{x_1 x_2 x_3 \vee \bar{x}_1 \bar{x}_2 \bar{x}_3}.$$

条件 **B** を表す論理式:

$$x_1 \bar{x}_2 \vee \bar{x}_1 x_2 \vee x_2 \bar{x}_3 \vee \bar{x}_2 x_3 \vee x_1 \bar{x}_3 \vee \bar{x}_1 x_3.$$

次に，ド・モルガンの法則を用いて条件 **A** の論理式から条件 **B** の論理式を導く．この導出には，ド・モルガンの法則の他にもいろいろの法則を用いる必要があるが，ここでは次の2つ以外は省略する．

$$(F_1 \vee F_2) \wedge (G_1 \vee G_2) = (F_1 \wedge G_1) \vee (F_1 \wedge G_2) \vee (F_2 \wedge G_1) \vee (F_2 \wedge G_2).$$

これは，いわゆる分配法則で，ここで F_i や G_i は任意の論理式である．この分配法則は，$\vee$ を加算 $+$，$\wedge$ を乗算 $\cdot$ で置き換えると，四則演算では成立する法則であることがわかる．また，この等式は，F_i や G_i の個数を一般化しても成立する．さらに，一般に

$$x \bar{x} = 0$$

が成立する．ここで，対応する論理関数に基づいて論理式を解釈する立場では，"0" は論理変数へのどんな 0, 1 の割り当てに対しても常に "0" となる論理式とみなす．また，上に述べた等式が成立することは，論理変数に対して 0 と 1 のすべての割り当てを代入してみて，左辺と右辺が同じ値となることをチェックして確かめることもできる．上では触れなかった等式も用いるが，条件 **A** の論理式より条件 **B** の論理式が次のように導かれる．

$$\overline{x_1 x_2 x_3 \vee \bar{x}_1 \bar{x}_2 \bar{x}_3}$$
$$= \overline{x_1 x_2 x_3} \wedge \overline{\bar{x}_1 \bar{x}_2 \bar{x}_3}$$
$$= (\bar{x}_1 \vee \bar{x}_2 \vee \bar{x}_3) \wedge (\bar{\bar{x}}_1 \vee \bar{\bar{x}}_2 \vee \bar{\bar{x}}_3)$$
$$= (\bar{x}_1 \vee \bar{x}_2 \vee \bar{x}_3) \wedge (x_1 \vee x_2 \vee x_3)$$
$$= \bar{x}_1 x_1 \vee \bar{x}_1 x_2 \vee \bar{x}_1 x_3 \vee \bar{x}_2 x_1 \vee \bar{x}_2 x_2 \vee \bar{x}_2 x_3 \vee \bar{x}_3 x_1 \vee \bar{x}_3 x_2 \vee \bar{x}_3 x_3$$
$$= x_1 \bar{x}_2 \vee \bar{x}_1 x_2 \vee x_2 \bar{x}_3 \vee \bar{x}_2 x_3 \vee x_1 \bar{x}_3 \vee \bar{x}_1 x_3.$$

4.3 いろいろな機能の論理回路

規模の大きい論理回路は，通常階層的に構成される．すなわち，論理ゲートというコンポーネントから特定の機能をもったモジュールをつくり，さらに，そのモジュールをコンポーネントとしてより大きなモジュールが構成される．この節では，よく用いられる特定の機能をもったモジュールをいくつか取り上げ説明する．

デコーダ

コンピュータの論理回路としてエンコード（符号化）やデコード（復号化）の用語が使われるのは，符号化の対象となる情報は場所（回路の中の場所で，具体的には，どのワイヤかなど）であり，符号化して得られる記号列は 2 進列である．このうち主に使われるのはデコーダ（decoder）である．この小節ではこの回路について説明する．

図 4.31 の論理回路は，長さ 2 の 2 進列で 4 本のワイヤのうちの 1 本を指定するデコーダである．この回路の入力は長さ 2 の 2 進列で出力は長さ 4 の 2 進列であるが，長さ 4 の出力は 1 をちょうど 1 個だけ含む 2 進列であるので，実際上はその 1 のポジションを指定しているとみなすことができる．このデコーダは，n 入力 2^n 出力のデコーダに一般化できることは明らかである．

マルチプレクサ

マルチプレクサ（multiplexor）の働きのイメージは図 4.32 で表される．この図は，左側からの 4 本の入力 $y_1, ..., y_4$ の内のどれを右側の出力に通すかを

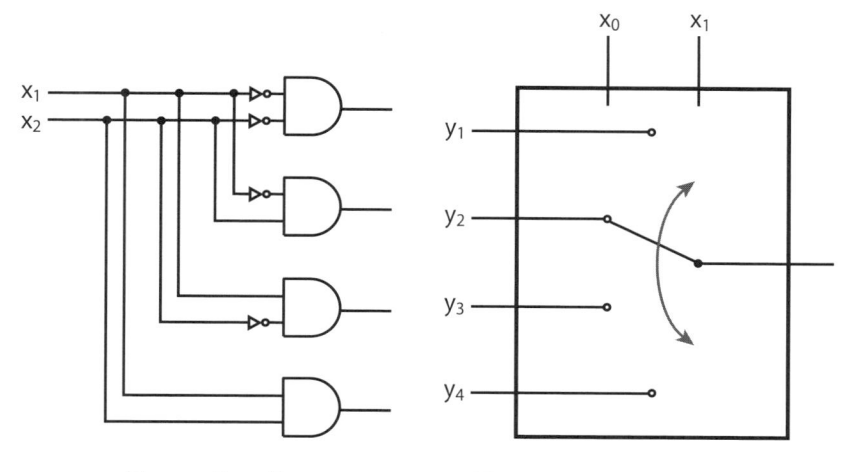

図 4.31　デコーダ　　　　　　　図 4.32　マルチプレクサのイメージ図

x_0 と x_1 の信号に基づいて何らかの方法でコントロールすることを表している．この図が示すとおり，この回路はマルチプレクサと呼ぶよりも，セレクタ（selector）と呼ぶのが適当と思われるが，この分野の慣習に従ってマルチプレクサと呼ぶことにする．

図 4.33 にデコーダを用いてマルチプレクサを構成した回路を与える．この図の右下の 4 つの AND ゲートはそれぞれ，デコーダからの出力に基づいて，入力の y を出力に通過させるか，遮断するかを制御する．図 4.32 と同様に，この制御のイメージは図 4.34 のように表される．デコーダからの信号が 1 であれば，この図のように y の入力がそのまま出力され，この信号が 0 であれば y は遮断される．このように AND ゲート 1 個で，通過か遮断かの制御をするということは，これからもしばしば行われる．実際，超高速でこの働きをするノンインバーティングバッファ（noninverting buffer）と呼ばれるスイッチもあるが，本書では単に AND ゲートと表すことにする．

さて，図 4.33 のマルチプレクサはデコーダ部分と通過か遮断かの制御をする部分から構成されている．この 2 つの部分を合併させてマルチプレクサをつくることもできる．そのようにして得られるマルチプレクサを図 4.35 に与える．この図の回路は，図 4.33 の回路で AND ゲートだけがつながっている部分をまとめて 3 入力の AND ゲート 1 個で置き換えると得られる．

このマルチプレクサは，2^n 本の入力の内の 1 本を n 個の制御信号に基づいて

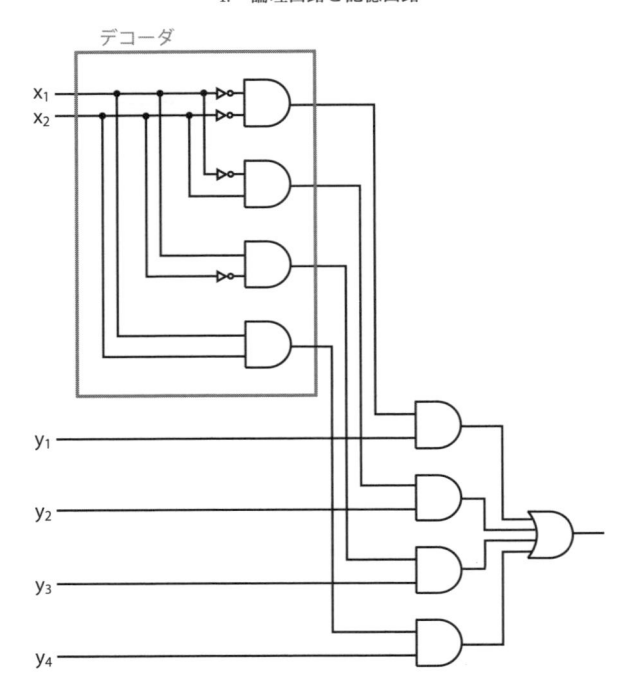

図 4.33　デコーダを用いて構成したマルチプレクサ

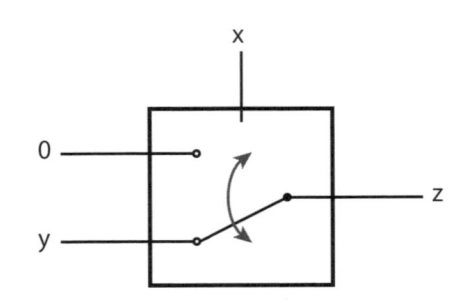

図 4.34　通過か遮断かを制御するゲートのイメージ図

選び 1 本の出力につなぐマルチプレクサに一般化できることは明らかであろう．

一致検出回路

一致検出回路（または，単に一致回路）とは，2 つの 2 進列が一致するか，しないかを検出する回路である．本書では一致検出回路がしばしば登場する．一

4.3 いろいろな機能の論理回路

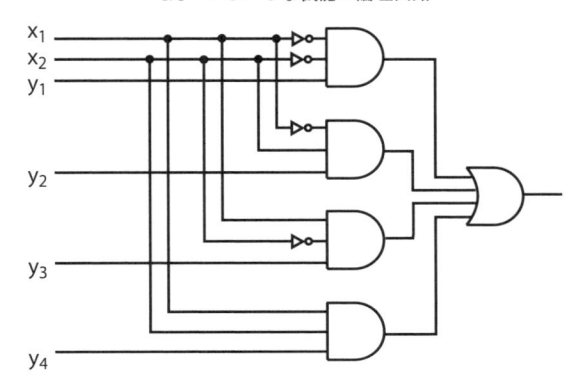

図 4.35 マルチプレクサ

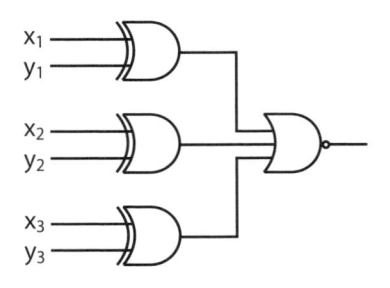

図 4.36 一致検出回路

致するという条件付きで，ある計算を実行させるということがあるからである．図 4.36 に，長さ 3 の 2 つの 2 進列 $x_1x_2x_3$ と $y_1y_2y_3$ とが一致するかどうかを判定する回路を示す．

この回路が，2 つの 2 進列が一致するときは 1 を出力し，一致しないときは 0 を出力することを説明する．まず，3 つの XOR ゲートは対応するビット毎に，x_i と y_i が一致するときに限り 0 を出力する．一方，出力の NOR ゲートは 3 つの入力がすべて 0 のときに限り，1 を出力する．したがって，NOR ゲートが 1 を出力するのは，x_1 と y_1，x_2 と y_2，x_3 と y_3 のいずれもが一致するときである．明らかにこの一致検出回路は，長さ n の 2 つの 2 進列 x と y が一致するかどうか検出する回路に一般化できる．本書では，一致検出回路を図 4.37 のように表示する．

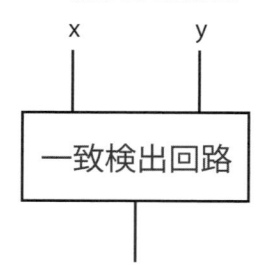

図 4.37 一致検出回路の表示

2 進数の加算回路

この小節では，2 進数の加算を計算する論理回路について説明する．たとえば 2 つの 2 進数の加算の例として次の計算を取り上げてみよう．

$$
\begin{array}{r}
\overset{1}{}\overset{1}{}\overset{1}{}\overset{0}{} \\
1\ 1\ 1\ 1\ 0 \\
+1\ 0\ 1\ 1\ 1 \\
\hline
1\ 1\ 0\ 1\ 0\ 1
\end{array}
$$

この計算では，桁上げも考慮しながら下位の桁から上位の桁に向かって桁ごとに足し算を繰り返す．構成する回路はこれと同様の計算を実行する．加える 2 つの n 桁の 2 進数を $a_{n-1}\cdots a_1 a_0$, $b_{n-1}\cdots b_1 b_0$ とし，i 桁目の和を s_i，下位の桁から i 桁目への桁上げを c_i と表す．すると，桁ごとに計算する回路の構成は，$n=3$ とすると図 4.38 のようになる．ここで，最下位の桁の計算をする回路は**半加算器**（Half Adder）と呼ばれ，それ以外の桁の計算をする回路は**全加**

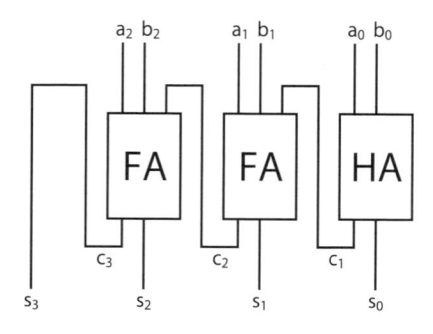

図 4.38 3 桁の 2 進数に対する加算回路

4.3 いろいろな機能の論理回路

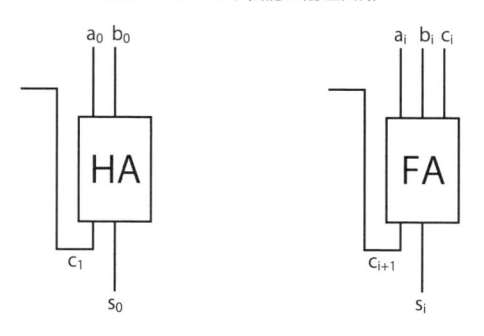

図 4.39 半加算器

図 4.40 全加算器

算器（Full Adder）と呼ばれ，それぞれ図 4.39，図 4.40 のように表される．全加算器では，a_i，b_i，c_i を入力して，s_i と c_{i+1} を出力する計算を行うことになる．この計算の真理値表を表 4.41 に示す．この真理値表に基づいて積和形の回路をつくり，同様に，半加算器もつくり n 桁にわたってつなぎ合わせれば n 桁の加算回路を構成できる．しかし，この構成では回路のサイズが大きくなるので，ここでは XOR ゲートを効果的に使った全加算器を図 4.42 に与える．次にこの回路が確かに表 4.41 の真理値表を計算することを説明する．

まず，表 4.41 の全加算器の真理値表で s_i や c_{i+1} がどう定まるかをみてみる

表 4.41　全加算器の真理値表

a_i	b_i	c_i	s_i	c_{i+1}
0	0	0	0	0
0	0	1	1	0
0	1	0	1	0
0	1	1	0	1
1	0	0	1	0
1	0	1	0	1
1	1	0	0	1
1	1	1	1	1

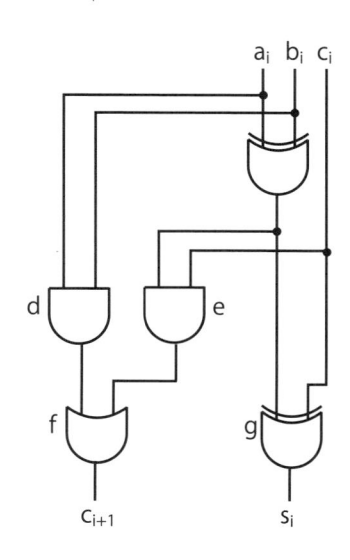

図 4.42　全加算器

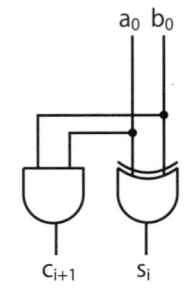

図 4.43 半加算器

表 4.44 モジュロ 4 の加算

	0	1	2	3
0	0	1	2	3
1	1	2	3	0
2	2	3	0	1
3	3	0	1	2

と，s_i は a_i, b_i, c_i の内の 1 の個数が奇数のときに値 1 をとり，c_{i+1} は a_i, b_i, c_i の内の 1 の個数が 2 以上のとき値 1 をとる．これらのことに注意した上で，図 4.42 の全加算器の s_i と c_{i+1} の計算についてみていくこととする．まず，この回路の s_i の出力が 1 となるのは，a_i, b_i, c_i の内の 1 の個数が奇数のときであることは，XOR ゲートの定義より容易にわかる．次に c_{i+1} の計算であるが，a_i, b_i, c_i の 1 の個数が 2 個以上となるときを場合分けすると考えやすい．まず，a_i と b_i のどちらも 1 となる場合（a_i, b_i, c_i がすべて 1 となる場合を含む）は d のゲートが 1 を出力し，したがって，f の出力ゲートも 1 を出力する．一方，a_i と b_i の一方が 1 で他方が 0 の場合は，c_i も 1 となっている（a_i, b_i, c_i の 1 の個数が 2 個以上の条件より）はずであり，したがって，e のゲートへの入力が両方とも 1 であり，したがって，このゲートから 1 が出力され，したがって，f から 1 が出力される．逆に，f が 1 を出力するのは，上に述べた場合だけであることから，f は表 4.41 で与えられる c_{i+1} を計算することになる．また，半加算器は全加算器において，$c_i = 0$ とおくことにより容易に得られる．図 4.42 において，$c_i = 0$ とおくと図 4.43 の半加算器が得られることは，図 4.42 の回路において，ゲート e が除かれ（e の出力が常に 0 となるから），ゲート f とゲート g は単にワイヤで置き換えてもよいことから明らかである．このようにして得られた全加算器と半加算器から一般に n 桁の 2 進数を加える回路が得られることは明らかである．

モジュロ m の加算回路

モジュロ m（**modulo m**）の加算とは，通常の加算で得られた結果を m で割った余りをつくる演算である．説明を簡単にするため，$m = 4$ としたとき

4.3 いろいろな機能の論理回路   93

表 **4.45**　$\{00, 01, 10, 11\}$ 上の加算

	00	01	10	11
00	00	01	10	11
01	01	10	11	00
10	10	11	00	01
11	11	00	01	10

のモジュロ加算を表 4.44 に示す．この小節では，$\{0, 1, 2, 3\}$ の整数をそれぞれ $\{00, 01, 10, 11\}$ の 2 進数で表し，モジュロ 4 の加算を計算する論理回路を構成する．このような簡単にみえる計算をする回路でも，論理ゲートのレベルから組み立てていくと複雑なものとなる．

まず，$\{0, 1, 2, 3\}$ の整数をそれぞれ $\{00, 01, 10, 11\}$ の 2 進列に対応させて，表 4.44 を表 4.45 に書き換える．さらに，表 4.45 を表 4.46 の (a) と (b) に分けて表す．ここで，(a) と (b) は，表 4.45 の 2 ビットの値のそれぞれ左のビットと右のビットを表している．表 4.45 の行に割り当てられた 2 進列を $x_1 x_2$ と表し，列に割り当てられた 2 進列を $x_3 x_4$ と表す．その上で，(a) を真理値表とみなしその論理関数を $f_1(x_1, x_2, x_3, x_4)$ と表し，同様に，(b) の論理関数を $f_2(x_1, x_2, x_3, x_4)$ と表す．これまでの一連の変換により，モジュロ 4 の加算の計算は表 4.46 で与えられる 2 つの論理関数 f_1, f_2 の計算に帰着されることになる．したがって，これらの論理関数を計算する論理回路はモジュロ 4 の加算を計算する論理回路となる．論理関数 f_1, f_2 を計算する論理回路として積和形の論理回路でもよいのであるが，ここでは，この論理回路の代わりによりコンパクトに階層的に構成された図 4.47 の回路を取り上げる．

表 **4.46**　$\{00, 01, 10, 11\}$ 上の加算を計算する論理関数 f_1 と f_2

$x_1 x_2$ \ $x_3 x_4$	00	01	10	11
00	0	0	1	1
01	0	1	1	0
10	1	1	0	0
11	1	0	0	1

(a) f_1 の真理値表

$x_1 x_2$ \ $x_3 x_4$	00	01	10	11
00	0	1	0	1
01	1	0	1	0
10	0	1	0	1
11	1	0	1	0

(b) f_2 の真理値表

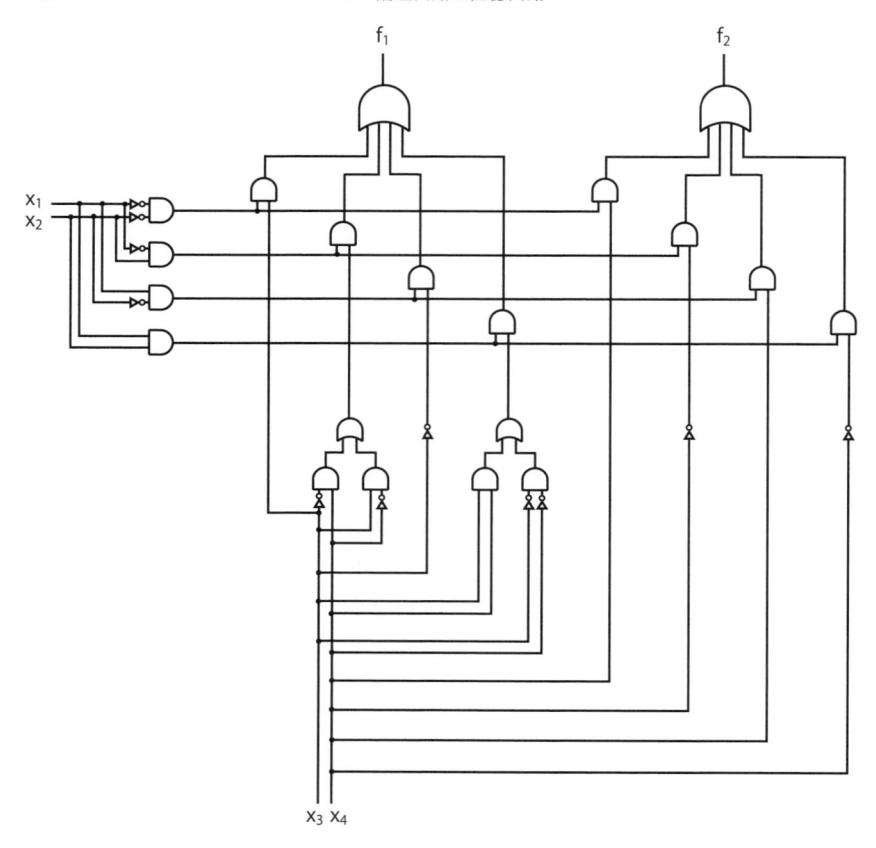

図 **4.47** 2進数 x_1x_2 と x_3x_4 のモジュロ 4 の加算を計算する論理回路

　図 4.47 の論理回路の働きを理解するためには，少し準備が必要である．まず，表 4.46 の各行をそれぞれ一つの真理値表を表しているとみる見方について説明する．各行は，変数 x_1 と x_2 をそれぞれある値 a_1 と a_2 に固定して x_3 と x_4 を変数とした関数とみることができるので，$f_i(a_1, a_2, x_3, x_4)$ と表すことにする．ここに，i は 1 または 2 である．たとえば，f_1 の表の第 2 行目の論理関数は $f_1(0, 1, x_3, x_4)$ と表され，具体的には

$$\bar{x}_3 x_4 + x_3 \bar{x}_4$$

と表される．表 4.46 (a) の各行の論理関数はそれぞれ以下のように与えられる．

4.3 いろいろな機能の論理回路

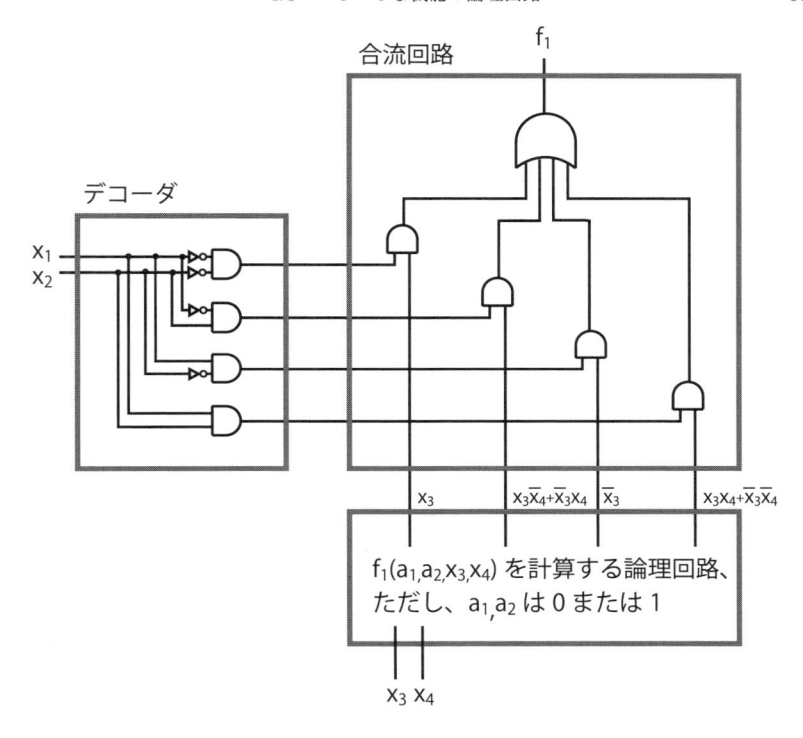

図 4.48 f_1 を計算する論理回路の構成

$$f_1(0,0,x_3,x_4) = x_3,$$
$$f_1(0,1,x_3,x_4) = x_3\bar{x}_4 + \bar{x}_3 x_4,$$
$$f_1(1,0,x_3,x_4) = \bar{x}_3,$$
$$f_1(1,1,x_3,x_4) = x_3 x_4 + \bar{x}_3 \bar{x}_4.$$

　これまでの準備を元に f_1 を計算する論理回路の基本構成を図 4.48 に示す．図に示すとおり，この論理回路は 3 つの部分回路から構成される．まず，下のボックスは f_1 の真理値表の各行が表す 4 つの論理関数を計算する．一方，デコーダは入力の (x_1, x_2) の値を場所の情報に変換する．ここで，場所の情報は真理値表の一つの行を指定するもので，指定された行に対応する出力は 1 となり，その他の行の出力は 0 となる．最後は，デコーダからの行を指定する情報に基づいて，その行に対応する入力を出力へとつなぐルートを形成する合流回

路である.ここで,ルートをつくるのが,合流回路の AND ゲートで,このゲートは図 4.34 に示したようにデコーダからの信号が 1 であれば通過させ,信号が 0 であれば遮断するという制御を行うものである.すでにマルチプレクサの小節で説明したように,デコーダと合流回路を合わせたものは,マルチプレクサの働きをする.

同様に,f_2 を計算する論理回路を構成することができる.$f_2(a_1, a_2, x_3, x_4)$ の計算では,図 4.46 の (b) と図 4.49 からわかるように,たとえば,$f_2(0, 0, x_3, x_4) = x_4$ となるので,この場合は x_4 からのワイヤを通すだけで

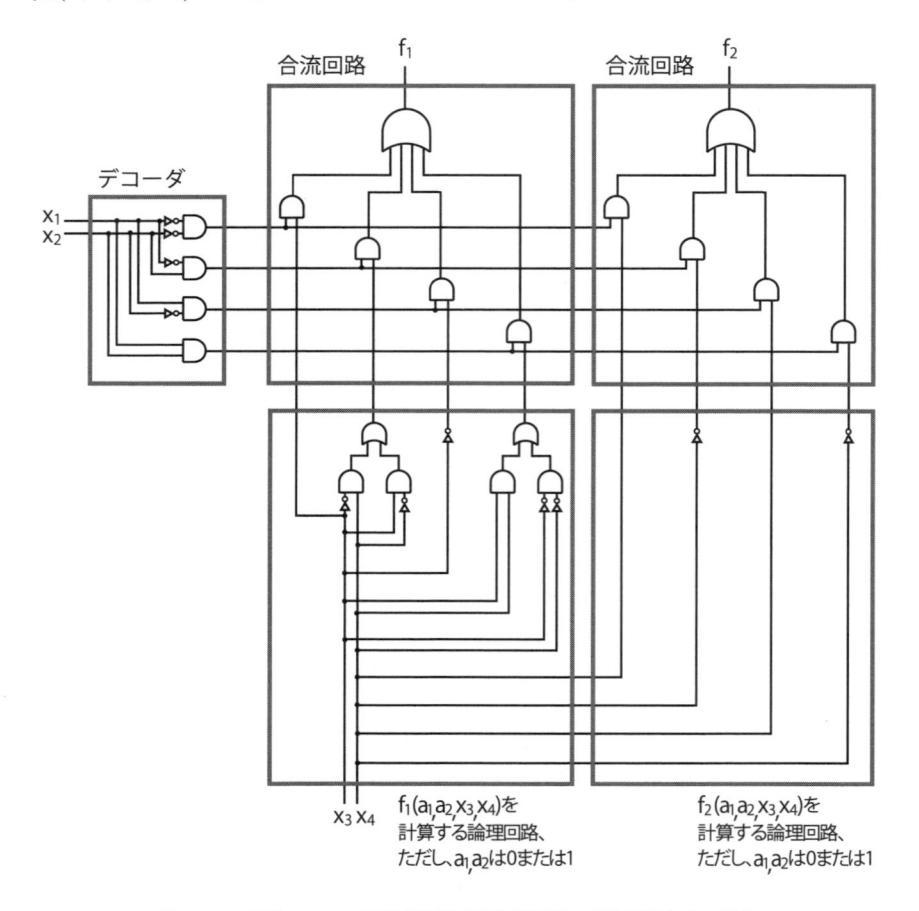

図 4.49 モジュロ 4 の加算を計算する論理回路の部分回路からの構成

よいし，$f_2(0,1,x_3,x_4) = \bar{x}_4$ となるので，x_4 からのワイヤに NOT ゲートを挿入すればよいことになる．これら 2 つの論理回路をデコーダの部分は共通にして統合したものが，先に示した図 4.47 である．図 4.49 は，図 4.47 と同じものであるが，それが 5 つの部分回路から構成されていることを示したものである．5 つの部分回路の中には，すべての a_1 と a_2 に対してそれぞれ $f_1(a_1,a_2,x_3,x_4)$ と $f_2(a_1,a_2,x_3,x_4)$ をあらかじめ計算しておく 2 つの部分回路がある．そして，デコーダへの入力 x_1, x_2 が a_1, a_2 のときは，デコーダと合流回路で $f_1(a_1,a_2,x_3,x_4)$ と $f_2(a_1,a_2,x_3,x_4)$ が選択される．さらに，f_1 と f_2 を計算する回路への入力が a_3, a_4 のときは，この回路全体からの出力は $f_1(a_1,a_2,a_3,a_4)$ と $f_2(a_1,a_2,a_3,a_4)$ となる．初めに与えた図 4.47 の回路も，このように 5 つの部分回路から構成されていることがわかると，理解しやすいことに注意してほしい．

これまで説明してきたように，次の 2 つのことが一般的に言える．

- どんな離散関数も，その関数が扱う値を適当に 2 進列で符号化すると，論理回路で計算できる．
- 複雑な論理回路を構成する場合，特定の機能をもったモジュール（この小節の例の場合はマルチプレクサなど）を組み合せて構成すると，得られた論理回路は理解しやすくなることが多い．

この小節のモジュロ 4 の加算の論理回路の構成は，これらの一般的な命題の一つの具体例となっている．読者には，この構成をたどることにより，その意味をよく理解してほしい．

4.4 記 憶 回 路

記憶の基本回路

論理回路では入力により出力が一意に定まる．この節で取り上げる**記憶回路**は，回路が情報を状態として保持できるもので，入力と状態との組から，出力や次の状態が定まる．

論理回路では入力された信号は出力の方へ向かって伝搬していき，やがては回路を通り抜けてしまう．そこで，信号を回路に保持しておくために，図 4.50

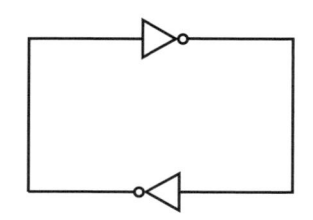

図 4.50 2 個の NOT ゲートでループを形成

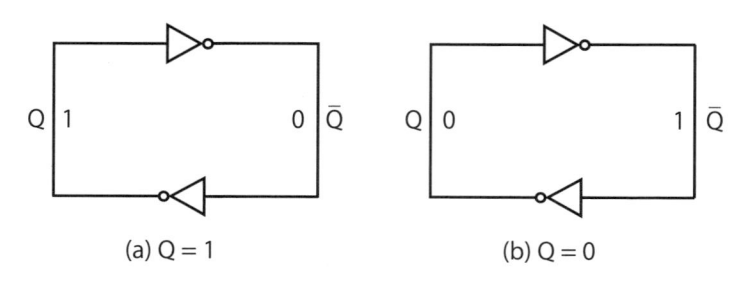

(a) Q = 1 (b) Q = 0

図 4.51 ループ回路の 2 つの安定した状態

のように NOT ゲート 2 個でループをつくってみる．すると，ループをひと回りするうちに信号は 2 回反転して元の信号となり戻ってくるので，信号が保持される．この回路では，安定に保持される信号の分布として，図 4.51 の (a) と (b) の 2 通りが考えられる．この信号の分布を状態と捉えることとし，(a) を $Q=1$ の状態，(b) を $Q=0$ の状態とする．この回路には 2 つの安定した状態が存在することになり，状態として信号が記憶されることになる．この回路に，状態を読み出したり，状態を変更したりする機能を付け加えれば記憶回路として働く．状態として蓄えられた情報を読み出したり，書き込んだりすることができるからである．

そこで，図 4.50 の回路を修正して，外からの信号によって状態を指定できるようにする．それが，2 個の NOR ゲートでループを構成している図 4.52 の回路である．この回路の S や R のワイヤは状態を指定するために使う．実際には，次の 3 通りのいずれかに指定される．

(1) $S=0$, $R=0$: それまでの状態を保持，
(2) $S=1$, $R=0$: $Q=1$, したがって $\bar{Q}=0$,

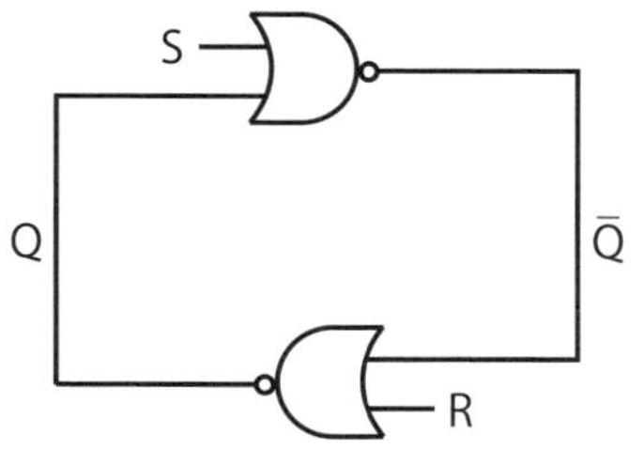

図 4.52 状態指定可能なループ回路（NOR ゲートで構成）

(3) $S = 0$，$R = 1$: $Q = 0$，したがって $\bar{Q} = 1$.

まず，(1) の場合は，図 4.52 の回路は図 4.50 の回路と等価となり，図 4.51 の (a)，(b) いずれの状態であれ，それまでの状態が保持される．(2) の場合は，この回路の上の NOR ゲートから 0 が出力され，下の NOR ゲートは NOT ゲートと等価となるので，$\bar{Q} = 0$，$Q = 1$ となる．すなわち，$S = 1$，$R = 0$ とすると，強制的に図 4.51 の (a) の状態がつくられる．同様にして，$S = 0$，$R = 1$ とすると，強制的に図 4.51 の (b) の状態がつくられる．ここで，$Q = 1$ とすることをセット（Set）すると捉え，一方，$Q = 0$ とすることをリセット（Reset）すると捉えるので，S と R の記号を用いている．上に説明した，S と R の信号により強制的に回路の状態を指定した (2) と (3) の場合を図 4.53 のそれぞれ (a) と (b) として表してある．

S と R の指定の組み合せとしては，$S = 1$，$R = 1$ が残っている．この指定は，強制的に $\bar{Q} = 0$ かつ $Q = 0$ となるようにしようとするものであるが，こ

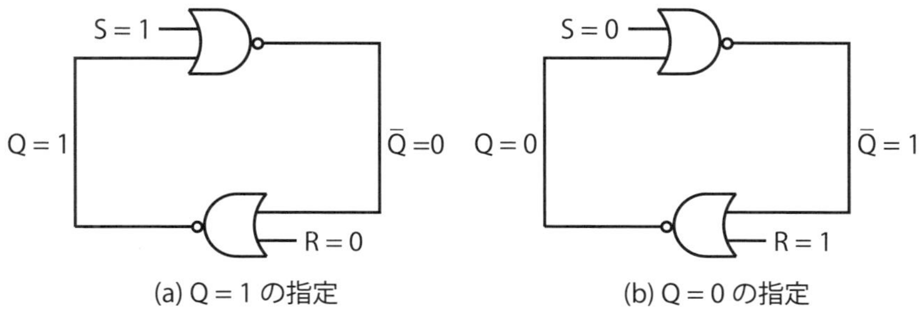

図 4.53 ループ回路の状態の指定

れは安定した状態ではない．そのため指定のタイミングによっては，"$\bar{Q}=0$ かつ $Q=0$" と "$\bar{Q}=1$ かつ $Q=1$" の間で状態遷移を繰り返す不安定な動作に陥る可能性もあるので，この指定は避けるようにする．このような状態には陥らないようにし，ワイヤ上の信号は相異なるということを前提にしているので，Q と $\bar{Q}$ の記号で信号を表している．

図 4.52 の回路の NOR ゲートを NAND ゲートで置き換えても記憶する回路を構成することができる．その回路を図 4.54 に示す．この回路が，図 4.50 の回路と等価になるのは 2 つの NAND ゲートへの外からの入力がともに 1 となる場合である．上に述べた (1)，(2)，(3) の場合と指定する値を一致させるために，指定のための入力は $\bar{S}$ と $\bar{R}$ とし，ワイヤの記号を変更している．このように変更すると上の (1)，(2)，(3) に示す S と R の指定とその結果の Q の間の関係が NAND ゲートから構成される回路についてもそのまま成り立つ．しかし，本書ではこれ以降，記憶回路の基本回路としては図 4.52 の NOR ゲートから構成される回路を前提として話を進めるものとする．

さて，図 4.52 の回路では S と R はこの回路への入力であり，状態 Q や $\bar{Q}$ はこの回路からの出力として扱われる．そこで，図 4.52 の回路をたすき掛けにして表し，入力と出力をそれぞれ左側と右側にまとめて配置したものが図 4.55 である．

これまで述べてきたように，図 4.55 の回路は $Q=1$ と $Q=0$ の 2 つの状態をとり得る回路で記憶の基本となる回路である．この回路を記憶回路として用いるために，さらに下の (1)，(2) の条件を満たすようにしたものが図 4.56 の回路で，この回路は D ラッチと呼ばれる．この D ラッチは，図 4.55 にはなかった 2 つの入力 D と C をもっている．入力 D は，図 4.55 の回路では入力 S と

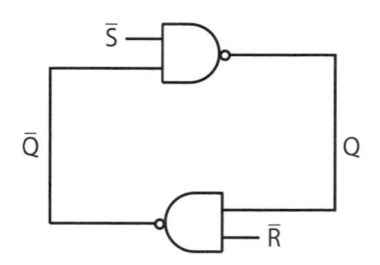

図 **4.54** 状態指定可能なループ回路（NAND ゲートで構成）

4.4 記憶回路

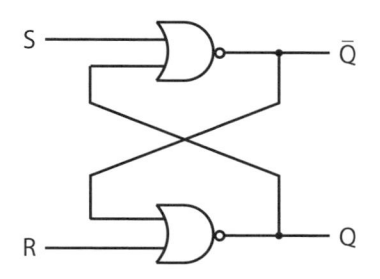

図 4.55 たすき掛けした図 4.52 の回路

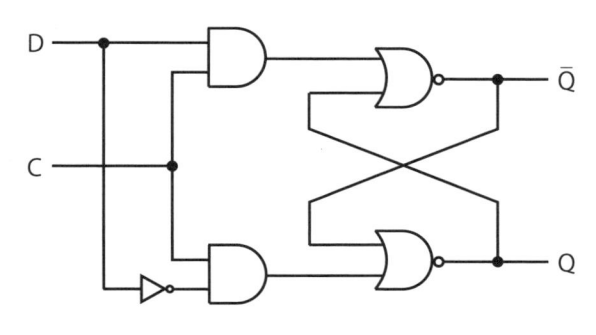

図 4.56 D ラッチ

R をひとつにまとめたものに相当し，入力 C は，状態指定のための入力 D を通過させたり遮断したりする制御のためのものである．その働きを次のようにまとめておく．

(1) 入力に対して開閉の働きをするゲートとして 2 つの AND ゲートを設け，$C = 1$ のとき入力 D（S と R に相当する）を通し，$C = 0$ のとき入力 D を遮断する．
(2) $C = 1$ で AND ゲートを信号が通るとき，S と R に相当する信号としては $(1,0)$ か $(0,1)$ のいずれかである．実際，$D = 1$ のとき $(1,0)$ となり，$D = 0$ のとき $(0,1)$ となる．

2 つの AND ゲートは開閉するゲートとして働くので (1) は明らかである．また，(2) については，入力 D とその否定 $\bar{D}$ が入力されるので，これも明らかである．図 4.54 の回路の代わりに図 4.56 の回路を導入することにより，これま

でに説明した $S=0$, $R=0$, $S=1$, $R=0$ および $S=0$, $R=1$ の3つの
ケースのいずれかが起こり，不安定な振舞いをする $S=1$, $R=1$ のケースが
除外されることとなる．

ラッチとフリップフロップ

　図 4.56 の構造をもった回路は情報を記憶する回路の基本となる．この小節
では，この回路を基本とするラッチやフリップフロップと呼ばれる回路につい
て説明する．これらの用語はそれぞれ次のようなニュアンスをもっているので，
ニュアンスの違いから使い分けられる場合もある．まず，ラッチ（latch）は，
ドアなどの掛けガネを意味し，信号が論理回路の場合のように通り抜けて何も
残らないということのないように，閉じ込めておくというニュアンスがある．
一方，フリップフロップ（flip-flop）は，シーソーやサンダルのパッタンパッタ
ンの擬音から来た語で，$Q=1$ の状態と $Q=0$ の状態との間を行ったり来た
りするというニュアンスがある．

　1ビットの情報を蓄える記憶回路として，図 4.56 のような D ラッチと呼ば
れる回路や図 4.60 のような D フリップフロップと呼ばれる回路がある．以下
に説明するように，両者の間には，入力 D の通過や遮断を制御する入力 C の
信号に違いがあるため，状態として蓄えられる信号のタイミングに若干の違い
が生じる．ラッチやフリップフロップへの入力は，図 4.56 の回路で示すよう
に，状態を指定する入力 D とその D を通過させたり遮断したり制御のための
入力 C とがある．この入力 C としては，図 4.57 の CK（Clock）に示すよう
に，$CK=1$ と $CK=0$ とが周期的に繰り返すような周期信号が加えられる．
ラッチとフリップフロップとでは，この周期信号のどのタイミングで入力 D の
信号が回路の状態として取り込まれるかに違いがある．

　その違いを，図 4.57 と図 4.58 に具体的な例で示す．これらの図では，周期
信号 CK と入力 D として同じものを与えた上で，ラッチとフリップフロップ
の状態 Q がどのように変化するかを示している．これらの図の横軸は時間であ
り，縦軸は各信号の1か0のレベルを表す．ラッチとフリップフロップのいず
れの場合でも動作の基本は，外からの入力 D に対し，回路には開かれている期
間と閉じている期間があり，開かれている期間は入力 D がそのまま状態 Q と
なり，閉じている期間は閉じる直前の状態がそのまま保持される．この動作の
基本はラッチとフリップフロップに共通しているが，次に説明するように開閉

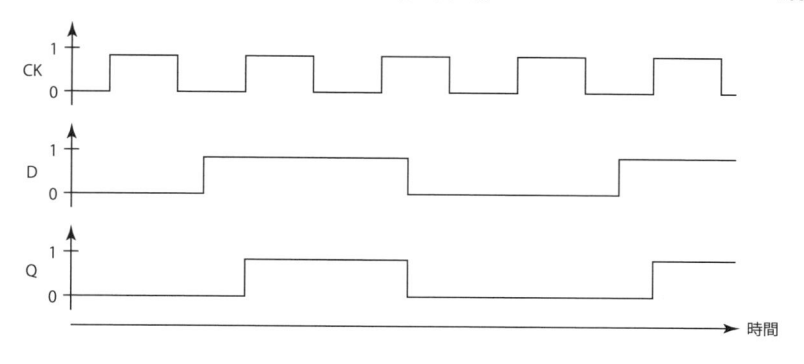

図 4.57　D ラッチの入力と出力の関係

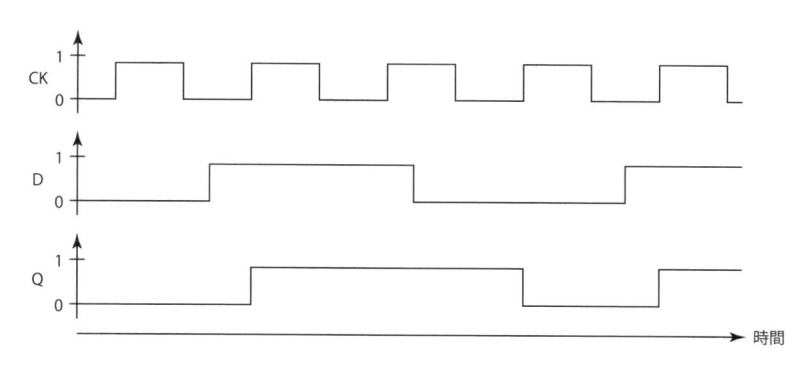

図 4.58　D フリップフロップの入力と出力の関係

の期間に両者に違いがあるため，図 4.57 と図 4.58 のような異なる状態の変化となる．ラッチの場合は，周期信号がこの開閉を定め，$CK = 1$ のとき開き，$CK = 0$ のとき閉じる．一方，フリップフロップの場合は，周期信号が立ち上る（$CK = 0$ から $CK = 1$ へ変化する）極めて短い時間に開き，他は閉じている．フリップフロップの場合は，CK が立ち上る瞬間に D の値をサンプリングして，状態 Q の値として保持するというイメージである．そのため，ラッチは**レベル駆動**と呼ばれ，フリップフロップは**エッジ駆動**と呼ばれる．ところで，図 4.57 と図 4.58 を比べてみると，ラッチとフリップフロップで状態 Q は同じタイミングで立ち上っているが，立ち下りはフリップフロップの場合，ラッチの場合より遅れていることがわかる．この違いは次のように説明される．ラッチの場合は，周期信号 CK の 3 番目の矩形の期間中の信号の $D = 1$ から $D = 0$

への変化が Q の値としてそのまま反映されている．これに対しフリップフロップの場合は，同じ周期信号 CK の 3 番目の矩形が立ち上る時点から次の 4 番目の矩形が立ち上る直前までの間は，2 番目の矩形が立ち上る時点でサンプリングされた $Q = 1$ が保持される．

次にこれまで述べてきた入力 D の取り込みのタイミングを回路でどのように実現するかについて説明する．まず，D ラッチは，周期信号 CK を直接図 4.56 の入力 C として加えればよい．一方，D フリップフロップの場合は，周期信号の立ち上りの瞬間に極めて短い矩形のパルスをつくりそれを図 4.56 の D ラッチの C に入力すればよい．これを実現する回路を図 4.59(a) に与える．さらに，短い矩形のパルスが周期信号の立ち上り時につくられる様子を説明するため，図 4.59(b) に，この回路の a から d の各点での信号が時間の経緯とともにどう変化するかを示している．まず，回路の a 点に (b) の a のような矩形の信号が入力されたとする．この矩形は周期信号 CK の一つの矩形に対応している．この入力は c に進み，b はこの入力を反転したものであるから，両者の論理積は常に 0 となるように思われる．しかし，この NOT ゲートを通過するのに要する微小な時間（これを $\triangle$ と表す）の遅れが b に生じるため，この微小時間 $\triangle$ の幅のパルス状の信号が b と c の論理積 $b \wedge c$ として得られる．話を単純にするため，同じ時間幅 $\triangle$ の遅れが AND ゲートでも生ずると仮定すると，この $b \wedge c$ のパルスが $\triangle$ だけ遅れたものが d 点で得られる．

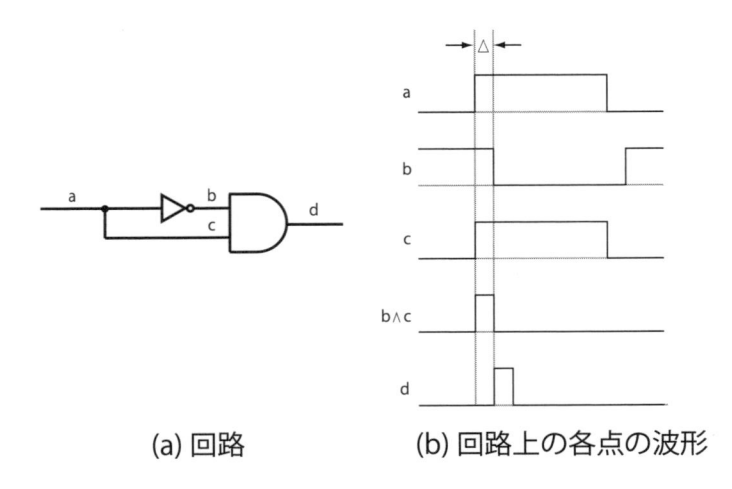

(a) 回路　　　(b) 回路上の各点の波形

図 4.59　立ち上り時にパルスを発生する回路

4.4 記憶回路

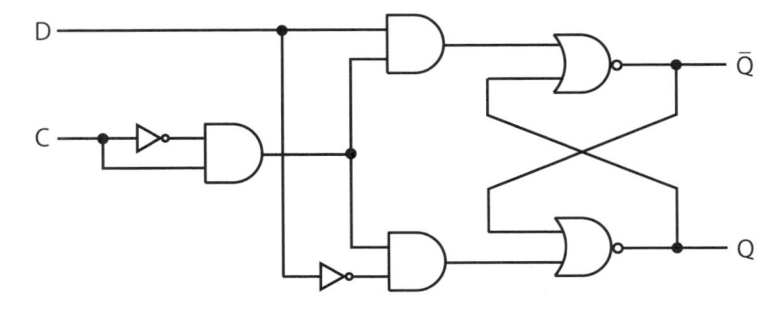

図 4.60 D フリップフロップ

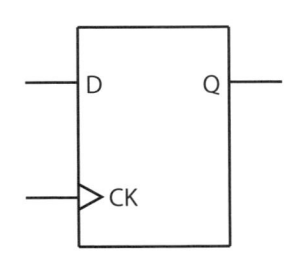

図 4.61 D フリップフロップの表示

これまで述べてきたことより，エッジ駆動とするために，図 4.56 の D ラッチの回路において C の入力を図 4.59(a) の回路を通すようにした回路を図 4.60 に与える．この回路を D フリップフロップと呼ぶ．

これ以降は，図 4.60 の D フリップフロップを記憶の基本回路として，この回路を集めてコンピュータの記憶回路がどのように組み立てられるかについて説明する．そこで，図 4.60 の回路全体をまとめて図 4.61 のように表すことにする．この表示の CK の部分は，周期信号の立ち上りのタイミングで D の入力をサンプリングして記憶することを意味している．なお，この表記では $\bar{Q}$ の出力は省略してある．

クロックと同期

コンピュータは膨大な数の装置から構成されている．コンピュータに望みの計算を行わせるためには，それぞれの装置が正しいタイミングで動作しなければならない．ちょうどオーケストラで指揮者のタクトに合せてすべての楽器が

演奏されるように，コンピュータでは図 4.57 や図 4.58 の CK のような一定間隔で繰り返される**クロックパルス**をつくり，これに合せてすべての装置が動作する．このクロックパルスにより拍子がとられ，それぞれの装置はその拍子に合せて動作するようになっている．全体が一つの拍子のもとで動作することはいろいろの場面で必要となる．たとえば，一般に，信号がワイヤを伝搬したり，ゲートを通過するときそれぞれ遅れが生じるが，D ラッチや D フリップフロップでは，対応する入力 D や入力 C は同時に届くようになっていなければならない．また，データがバッファに書き込まれ，そのデータが読み出されるという一連の処理が行われる場合は，書き込みが完了した後に読み出しが始まることが保障されていなければならない．このように一つのクロックパルスに合せて，すべての装置が意図した時間間隔で正しく動作しているとき**同期**がとれているという．クロックパルスは周期が一定で安定していなければならない．厳密にこの条件が満たされるように，クロックパルスは同期が一定で極めて安定している水晶発振器を利用してつくられる．これまで述べてきたようにコンピュータを正しく動作させるために同期をとるということは重要であるが，本書では同期についての詳しい説明は省略する．そして同期は正しくとれているという前提のもとで話を進める．

メモリの構成

これまで 1 ビットの情報を記憶する記憶回路として D フリップフロップについて説明してきた．この小節では，多数のバイトやワードを記憶する**メモリ**を，D フリップフロップを用いて構成できることを説明する．メモリは，D フリップフロップを一定の個数（バイトやワードに相当する）まとめて 2 進列を記憶できるようにし，それぞれに**番地**を割り当てて構成する．メモリに番地を入力するとその番地に記憶しておいた 2 進列を読み出すことができ，番地と 2 進列を入力すると，その番地にその 2 進列を書き込むことができる．

ここで，メモリの簡単な例を図 4.62 に示す．このメモリは 3 ビットの 2 進列を 4 個記憶することができる．説明を簡単にするため 4 行 3 列の 4×3 格子平面に 12 個の D フリップフロップを並べた小さい記憶回路となっている．同じ構造の回路で行数や列数を増やすことにより，より長い 2 進列を多数記憶できるようにすることができる．この回路には，x_0，x_1，y_0，y_1，y_2，RD が入力され，z_0，z_1，z_2 が出力される．入力の x_0 と x_1 は，行（番地に相当）を指定

4.4 記憶回路　　　　　　　　　　　　　　　　107

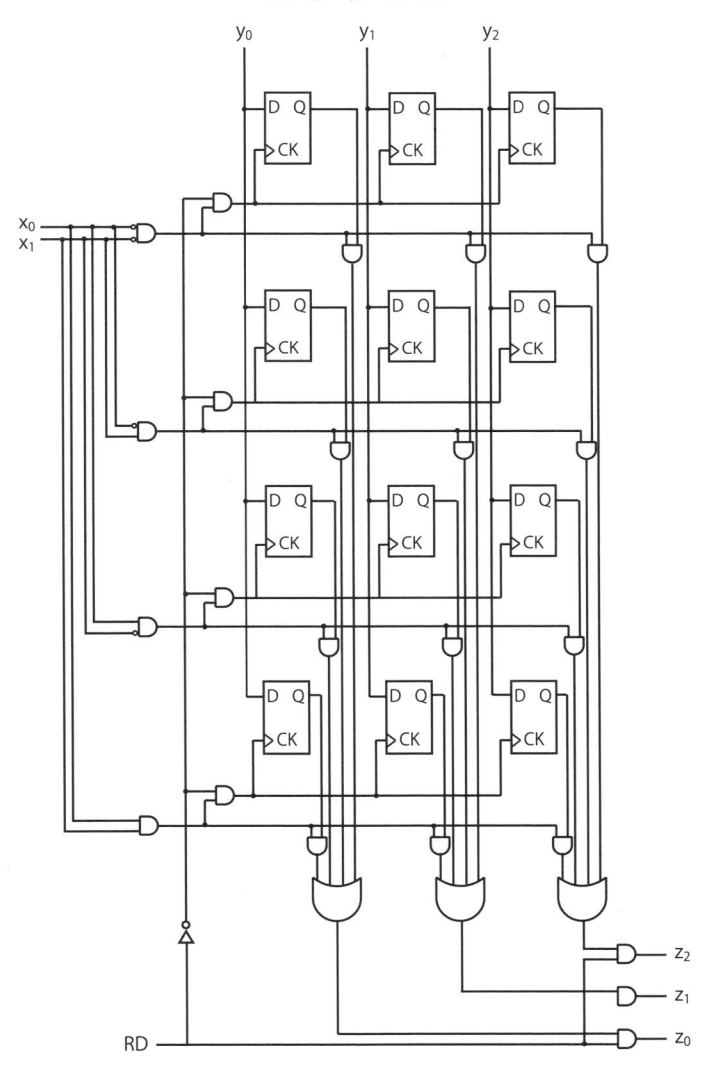

図 4.62　部分回路からのメモリの構成

し，y_0, y_1, y_2 は指定した行に書き込む内容を与え，出力の z_0, z_1, z_2 からは指定した行の内容が読み出される．また，RD（Read）は読み出しか，書き込みかを指定する1ビットの信号で，$RD=1$ のときは x_0, x_1 で指定される行の内容を z_0, z_1, z_2 に読み出し，$RD=0$ のときは，x_0, x_1 で指定される

行に y_0, y_1, y_2 を書き込む. まとめると, 次のようになる.

$RD = 1$ のとき, x_0, x_1 で指定される行の内容を z_0, z_1, z_2 に出力,

$RD = 0$ のとき, x_0, x_1 で指定される行を y_0, y_1, y_2 に書き込む.

図 4.62 の回路は上で説明したように動作する. この回路は一見複雑でその働きを理解するのは難しいように思われるが, 全体が組織的に構成されており, ポイントを押さえさえすれば, 容易に理解できる. まず, 図 4.62 の回路を, 図 4.63 に示すように, 12 個の D フリップフロップ以外の部分を 9 個の部分回路に分割し, この図に基づいて説明する. これは単に説明の都合上, 同じ働きをするゲートからなるグループに a から i までの記号をつけたものである. 説明は読み出しと書き込みに分けるが, まず, 読み出しから始める. 読み出しの場合は, $RD = 1$ と指定し, i の 3 個のゲートは D フリップフロップからの情報を通過させるように働く. 一方で, b から 0 が出力されるため, c の 4 個のゲートは 0 を出力し, したがって, D フリップフロップの CK へのトリガはかからない. したがって, y_0, y_1, y_2 がどんな値であったとしても, フリップフロップに書き込まれることはない. 一方, 入力 x_0, x_1 は一つの行を書き込みの行として指定して, a のデコーダの出力は, 指定された行は 1, その他の行は 0 となる. すると, d, e, f, g のうち指定された行の回路が働き, その行のフリップフロップの状態が出力される. なお, それ以外の行の回路からは 000 が出力される. すると, h で各ビットごとに論理和をとると, この回路 h からは指定した行のフリップフロップの状態が出力され, それが i のゲートを通過して出力される.

次に, 書き込みの場合について説明する. この場合は, $RD = 0$ と指定するので, b から 1 が出力され, c の回路で x_0, x_1 で指定された行のゲートは 1 を出力し, それ以外の行のゲートは 0 を出力する. したがって, 指定された行のフリップフロップに CK を通してトリガがかかり, 入力の y_0, y_1, y_2 がその行のフリップフロップに書き込まれる. それ以外の行に対してはトリガがかからないので書き込まれることはない. なお, 書き込みで $RD = 0$ の場合は, i のゲートで信号が遮断され, この間どんな信号が入力されても, 常に 000 が出力される.

これまで説明したように, 読み出し時だけ i のゲートが開きフリップフロップの内容が出力されるようになっており, それ以外のときはこのゲートで遮断

4.4 記 憶 回 路

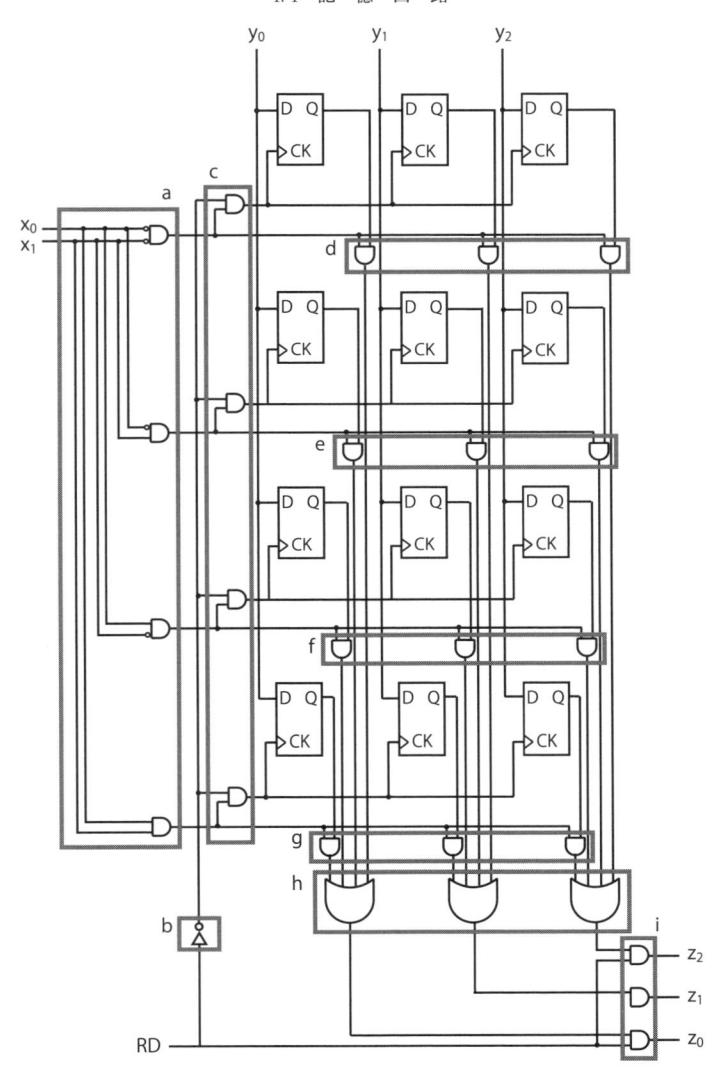

図 4.63 メモリの構成

されるようになっている．同様に，書き込み時だけ CK にトリガがかかり書き込まれ，それ以外のときは，y_0, y_1, y_2 の内容が書き込まれることはない．このように大規模の回路を設計するときは，回路のそれぞれのコンポーネントで，意図しない信号により誤動作が起こらないように注意することは重要なポイン

トとなる．

　この小節を終えるに当たり，これまでのまとめとして，各部分回路の働きを簡単に説明しておく．

- a: 2 ビットの $x_0 x_1$ から行を指定するデコーダである．$x_0 x_1$ の値が，00，01，10，11 のとき，それぞれ第 1 行，第 2 行，第 3 行，第 4 行を指定する．指定された行には 1 を出力し，指定されていない行には 0 を出力する．

- b: 読み出しを指定する RD を入力して，$\overline{RD}$ を出力する．したがって，書き込みのときは 1 を出力し，読み出しのときは 0 を出力する．

- c: 書き込み ($\overline{RD} = 1$) で，かつその行のデコーダからの出力が 1（すなわち，x_0, x_1 により指示された行）であるとき，その行の c の AND ゲートから 1 が出力され，それ以外の行の AND ゲートから 0 が出力される．したがって，書き込みで x_0, x_1 により指示された行のフリップフロップはすべて CK を通してトリガがかけられ y_0, y_1, y_2 が書き込まれる．

- d, e, f, g: x_0, x_1 で指示された行のフリップフロップの状態 Q が出力される．それ以外の行の場合は，000 を出力する．

- h: 各ビットごとに，d, e, f, g の出力の論理和をとる．これらの部分回路の出力は，デコーダの出力で指示された行については，フリップフロップの状態 Q が出力され，それ以外の行については 000 が出力される．したがって，ビットごとにこれらの行すべての論理和をとっても，指示された行の出力が変更されることなく，この回路 h から出力される．

- i: 3 つの AND ゲートでは，RD の信号で h から入力された信号の通過を制御している．h で収集された 2 進列を，読み出し時という条件付きで通過させ出力する．読み出し時以外は 000 を出力する．

5 アセンブリ言語と機械語

　コンピュータでは機械語命令の系列がプログラムとしてメモリに蓄えられ，その命令が一つずつフェッチされ，解釈され，実行されるというサイクルが繰り返される．この章では代表的な機械語命令の意味を説明し，次の第6章で，その命令をいかに実行するかを説明する．ただ，機械語命令は2進列として表されるため，命令の実行する内容を思い出しやすい記号の系列で表したアセンブリ言語命令を用いて，実行の内容を説明した後に，機械語命令と対応づけて説明する．

5.1　フォンノイマン型アーキテクチャ

コンピュータの構成

　現代のコンピュータはフォンノイマン型アーキテクチャに基づいてつくられている．その大まかな構成を図5.1に示す．コンピュータの動作を大雑把に説明するために，電車の座席の予約をとる処理を例として取り上げる．利用者から

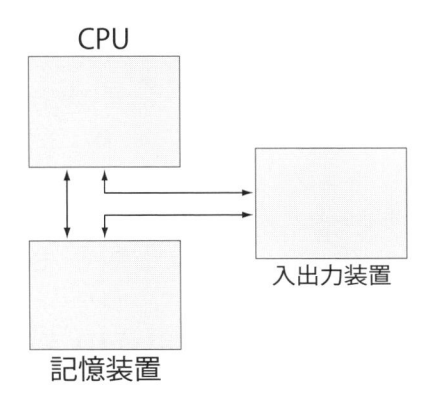

図 5.1　コンピュータの構成

の予約を受け付け，空席があるかどうかをチェックし，ある場合は料金を計算して利用者に知らせ，同時にその空席は予約され，空席でなくなったことを記憶しておく必要がある．この場合，利用者とのデータのやり取りには入出力装置が使われ，膨大な予約情報の記憶には記憶装置が使われ，料金計算やこれまでの予約データとの照会は CPU が行う．第1章3節でも述べたとおり，**CPU** は Central Processing Unit の略で，**中央処理装置**とも呼ばれる．この例からもわかるように，**入出力装置**は，コンピュータの外からデータを取り込み，それを処理した結果得られるデータをコンピュータの外へ出力する装置である．**記憶装置**は文字通り情報を記憶しておく装置である．また，CPU は記憶装置に蓄えられているプログラム（命令の系列）の命令を一つずつフェッチしてはその命令の意味するところを実行する．また，命令の中には，命令の実行順序をコントロールするものもある．本章と次の第6章では，各命令はどのように解釈され，実行されるかについて，CPU と記憶装置の働きに焦点をおき説明することにする．入出力装置の働きについては第8章で触れる．

これまで図5.1を使って，コンピュータは，命令の列であるプログラムを記憶装置に蓄え，命令を一つひとつ実行していくことを説明した．個々の命令の実行について説明するため，図5.1の CPU と記憶装置の部分を少し詳しくしたものが図5.2である．すなわち，図5.1の CPU は，図5.2では **ALU**，レジスタ群，それにプログラムカウンタ（PC）からなり，同様に，図5.1の記憶装置は，図5.2では命令メモリとデータメモリからなる．

図5.2にもとづいて各命令がどのように実行されるか説明する．命令メモリにはプログラムが命令の系列として蓄えられる．プログラムカウンタ（PC）は次に実行すべき命令を指す．具体的には，PC には次に実行すべき命令が蓄えられているワードのアドレスが蓄えられる．レジスタ群は32ビットの2進列を蓄えられる32個のレジスタから構成される．個々のレジスタはその用途が決まっており，計算の途中結果を蓄えたり，特定のデータを蓄えたりするのに使われる．特定のデータを蓄えるレジスタとしては，たとえば，定数値ゼロを蓄えている $zero の他，この章の4節の「メインメモリのセグメント構成」の小節で説明するグローバルポインタ$gp やスタックポインタ$sp などがある．図5.2は10番のレジスタの内容111と11番のレジスタの内容222を加えて，その結果333を9番のレジスタに蓄える命令を実行するときの様子を表している．ただし，これらの値は実際は32ビットの2進列で表される．この例では ALU は加算を

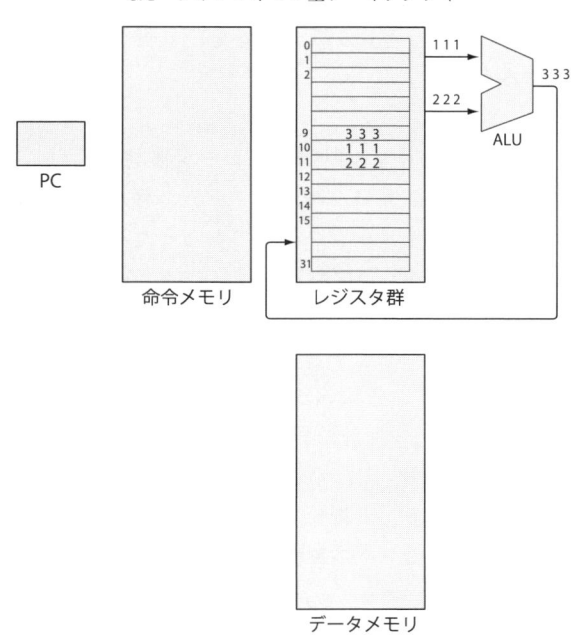

5.1 フォンノイマン型アーキテクチャ 113

図 5.2 命令実行に関わる 5 つの装置

実行する．図 5.2 の ALU とレジスタ群，およびこれらを結ぶワイヤからなる
ループはデータパス（data path）と呼ばれる．この図では，$333 \leftarrow 111 + 222$
という計算の具体的な流れが示されている．このように，データパスは，記憶
されているデータを取り出しそれに演算を施し，その結果を書き戻すという計
算の核となるサイクルを実行する．データメモリは膨大な量のデータを蓄える
記憶装置であるが，データメモリと ALU の間で直接データを移動させること
はできない．そのため，データメモリのデータに ALU の演算を施すためには，
レジスタ群経由で実行する．これまで述べてきたように，レジスタ群，命令メ
モリ，データメモリに蓄えられるデータや命令はすべて一定サイズに区切られ，
0 と 1 の列として表される．この一定サイズの 2 進列をワード（語）と呼ぶ．
MIPS の場合，ワードのサイズは 32 ビットである．本書では，命令メモリや
データメモリのワードには 32 桁の 2 進数で表される番地を割り当て，1 ワード
の 2 進列でデータメモリの書き込みのワードを指定したり，読み出しのワード
を指定したりするものとする．同様に，レジスタ群のレジスタには 5 桁の 2 進

数で表される 0 から 31 までのレジスタ番号を割り当て，レジスタ番号によりレジスタを指定するものとする．

命令の 3 つのタイプ—演算型，制御型，データ移動型—

コンピュータの命令は，演算型，制御型，データ移動型のタイプに分けられる．コンピュータの働きのイメージをもってもらうために，いくつかの典型的な命令について説明する．はじめに取り上げるのは，演算型の加算命令である．図 5.2 は，10 番と 11 番のレジスタの内容を加えて，結果を 9 番のレジスタに入れよという命令を実行する様子を表している．レジスタの 10 番と 11 番にそれぞれ 111 と 222 が入っている状態からスタートし，計算結果 333 が 9 番に入れられている．これらの 10 進数の数値は，実際には 32 桁の 2 進数で表される．この 2 進数を加える操作を実行するのが，ALU である．レジスタ群のデータに ALU を使って演算を施し，新しくつくられたデータをレジスタ群のレジスタに戻すというタイプの命令を**演算型命令**という．演算型命令には，他にも，減算，論理和，論理積などいろいろの種類の演算を実行する命令がある．演算の種類は制御信号として ALU に送られ，制御信号に基づいて ALU はいろいろの演算を実行するが，この ALU の制御については次章で説明する．

命令の系列として表されるプログラムは，通常最初の命令から始めて，置かれた順番に従って次々と実行される．この通常の順序を変更して，命令の中で指定された番地に飛ばせるのが**制御型命令**である．

制御型命令はさらに，ジャンプ型と**条件分岐型**に分かれる．ジャンプ型は，無条件に指定された番地の命令にジャンプするという命令である．一方，条件分岐型は，命令の中で飛び先の番地の他に，ある条件を分岐条件として指定し，その条件が成立するときは，指定された番地に飛ぶという命令である．分岐条件が成立しないときは，通常の命令のように，現在実行中の命令の次に置かれた命令を実行する．条件分岐命令の条件の例としては，"指定された 2 つのレジスタの値が等しい" というものもある．この場合は，命令の中に値が等しいかどうかの判定をする 2 つのレジスタの番号を書き込んでおく．なお，ジャンプ命令は，指定された番地に無条件に飛ぶことから，**無条件分岐命令**（unconditional branch instruction）と呼ばれることもある．

実行順序の制御は，プログラムの各命令にランプが付いていて，その中の一つのランプが点灯して，実行すべき命令として指定されるというイメージであ

る.実際には,実行する命令のランプを点灯する代わりに,その命令の番地をプログラムカウンタ PC に記憶し,PC の内容をみて,その番地にある命令が実行される仕組みをハードウェアで組み立てる.

ところで,プログラム中に制御型命令がまったく現れないとすると,プログラム中の命令を次々に実行し,最後の命令が来ると計算は終わってしまう.これではコンピュータで実際に処理できることは極めて限定されたものになってしまう.コンピュータが高い計算能力を発揮するのは制御型命令によりプログラムの一部を繰り返し実行するようにできるからである.条件分岐命令を使えば,それまでの計算の結果に依存して,次に実行する命令を決めるということもできるので,多様で複雑な計算が可能となる.

次に,データ移動型命令について説明する.ALU はレジスタ群との間でデータを送ったり受けたりできるが,データメモリとの間の直接の授受はできない.そこで,ALU がデータメモリとデータを送受するのにレジスタ群を経由して行う.そのために,データメモリとレジスタ群との間でデータを移動する命令がデータ移動型命令である.データ移動型命令には,データメモリからレジスタ群へデータを移すロード命令 (load) と,逆に,レジスタ群からデータメモリに移すストア命令 (store) とがある.データ移動型命令には,送りたいデータが蓄えられている場所と送り先の場所が書き込まれる.ここで,場所の情報はレジスタ番号や番地として与えられる.

これまで,コンピュータの構成を説明し,典型的な命令をいくつか取り上げ,その働きについて説明した.プログラムが意図したとおりに,コンピュータを働かせるためには,そのための制御が必要となる.プログラムの命令の中で次に実行すべき命令を取り出し,解釈した上で,その命令を実行するための信号を各装置に送るなどの制御である.この制御のためには,図 5.1 には現れていない装置も必要となるが,詳しくは次章で説明する.

5.2 アセンブリ言語

機械語命令にしろアセンブリ言語命令にしろ個々のコンピュータは固有の命令をもっている.その命令をまとめて命令セットという.命令セットの命令の種類は,個々のコンピュータにより異なるが,数十種から数百種にも及ぶ.ここで,機械語命令は,コンピュータが直接解釈し実行できるように 2 進列とし

て表したものである．MIPS の場合，どの命令でもその 2 進列の長さは 32 である．実際にコンピュータを働かすために，機械語の命令の列が命令メモリに蓄えられる．一方，アセンブリ言語の命令は，機械語の 32 ビットの各命令を，アルファベット，数字，また特殊記号などの系列として表したものであり，人間にとってわかりやすい命令である．そして，機械語で表された命令とアセンブリ言語で表された命令は，おおよそ 1 対 1 に対応する．この節では，これまで取り上げた命令を中心にして，まず，アセンブリ言語で命令の意味を説明した上で，5.5 節で対応する機械語の命令は 32 ビットの列としてどう表されるかを説明する．

機械語命令の構成のあらまし

次の小節でアセンブリ言語の命令について説明するが，この小節では，そのための準備として機械語命令の構成について簡単に説明する．

これまで述べてきたように，命令メモリに実際に蓄えられ，CPU を動かすのは機械語命令である．MIPS の場合，すべての機械語命令は 32 ビットで表される．このように長さを統一することにより，ハードウェアは組み立てやすくなるが，表現しやすさは損われる．機械命令を実現する電子回路とその命令を用いた表現に関して，一般に電子回路をシンプルにするということと，表現をしやすくするということの間にはトレードオフがある．そのため，MIPS の場合，命令の長さは 32 ビットに統一するが，命令を表すフォーマットとして 3 種類のものを用意して，このトレードオフに折り合いをつけている．この章の 5 節では，加算の実際の機械語命令を取りあげる．この長さ 32 の 2 進列をみても，人間にとってその意味を読みとるのは難しい．そこで，32 ビットをフィールドと呼ばれる小さい区間に区切って，それぞれの区間に特定の意味をもたせる．上に述べた 3 種類のフォーマットと言うのは，それぞれ意味をもったフィールドから機械語命令の 32 ビットを構成するパタンを 3 種類用意しているということである．

ところで，機械語命令で指定されるものは，オペレーション（操作）とオペランド（操作の対象）とに分けられる．したがって，上に述べたフィールドもこの 2 つに分けられる．次の小節ですぐに，$t1←$t2+$t3 の代入を表す命令について説明するが，この命令の場合，オペレーション部では加算であることを指定し，オペランド部では$t1, $t2, $t3 のレジスタを指定する．一般に，オ

ペレーション部もオペランド部も複数のフィールドから構成される．

上に述べたように，さまざまの命令の操作の内容を表現できるように，3種類のフォーマットを用意しているが，フォーマットの種類だけでは吸収できないこともある．一つのオペランドを表すだけで 32 ビット必要となることもあるからである．そのような場合は，オペランドのために 32 ビットを使い切ってしまうと，オペレーション用のフィールドは置けなくなってしまう．このような場合として，たとえば，ロード命令でロード先のワードのアドレスを指定したり，条件分岐命令で飛び先のアドレスを指定する場合などがある．アドレスの 32 ビットで命令の 32 ビットを使い切るからである．このような場合は，詳しくはこの章の 3 節で説明するが，相対番地という考え方を使う．相対番地方式では，アドレスを基準値とオフセット（指定したい値と基準値との差）の組で指定する．実際，ロード命令や条件分岐命令では，基準値を入れておくレジスタを指定するフィールドやオフセットの値を入れておくフィールドを用意する．

次の小節では，アセンブリ言語命令から代表的なものを選び説明する．機械語命令の各フィールドで指定されるものは，アセンブリ言語命令では，意味を思い出しやすい記号でそれぞれ表すので，それぞれの命令が意味するところもわかりやすい．

演算型，データ移動型，制御型の典型的な命令

これまでに取り上げた命令がアセンブリ言語でどう表されるかについて，演算型，データ移動型，制御型の典型的な命令を取りあげて説明する．

まず，演算型命令として図 5.2 で示されるような 2 つのレジスタの内容を加えて，3 つ目のレジスタに蓄える加算命令を取り上げる．ところでアセンブリ言語では，レジスタ群のレジスタは $ で始まる特定の記号列で表される．

たとえば，レジスタ番号が 9, 10, 11 のレジスタは，それぞれ \$t1, \$t2, \$t3 と表される．図 5.2 に示す，レジスタ \$t2 と \$t3 の値を加えて，レジスタ \$t1 に蓄えるという動作は，代入を "←" の記号で表すことにすると

$$\$t1 \leftarrow \$t2 + \$t3$$

と表される．この動作は，アセンブリ言語の命令としては

```
add   $t1,$t2,$t3
```

と表される．同様に，

$$\$t1 \leftarrow \$t2 - \$t3$$

と表される減算命令はアセンブリ言語では

sub $t1,$t2,$t3

と表される．

　これら加算命令や減算命令に限らず，他のタイプの命令でも一般に，アセンブリ言語の命令は，操作（この場合は，addやsub）を表す部分と操作が施されるオペランド（この場合は，$t1, $t2, $t3）を表す部分から構成される．このようにアセンブリ言語の命令は"元の意味が思い出しやすい"ように表されているのでニーモニック（mnemonic）と呼ばれる（特に，操作を表す部分だけをニーモニックと呼ぶこともある）．addの場合は，元の単語そのものであるが，subはsubtractを表す．他のニーモニックの例としては，store wordの代わりにsw，branch on equalの代わりにbeqなどがある．これらの命令についてはこれから説明する．

　次に，演算型の命令として，一つのワード中のすべてのビットを左または右に指定されたビット分ずらし，32ビットの範囲からはみ出した部分は無視し，空いた箇所は0で埋める命令がある．一つのワードの内容を単に変更するだけであるが，この変更も演算として捉える．レジスタ$t2の内容を2ビット分だけ左にシフトし，その結果をレジスタ$t1に蓄える命令はアセンブリ言語で

sll $t1,$t2,2

と表される．ここで，sllは左シフト（shift left logical）を表しており，また，最後の2はシフトが2ビット分であることを表している．たとえば，レジスタ$t2の内容が

0000 0000 0000 0000 0000 0000 0001 1001

のとき，この命令を実行すると，レジスタ$t1の内容は

0000 0000 0000 0000 0000 0000 0110 0100

となる．同様に，レジスタ$t2の内容を2ビット分だけ右へシフトし，その結

5.2 アセンブリ言語

果をレジスタ$t1に蓄える命令は

$$\text{srl} \quad \text{\$t1,\$t2,2}$$

と表されるが，この命令を実行すると，レジスタ$t1の内容は

$$0000\ 0000\ 0000\ 0000\ 0000\ 0000\ 0000\ 0110$$

となる．ここで，srlは右シフト（shift right logical）を表している．ここで，このタイプの命令に関して注意しておきたいことがある．最初，レジスタ$t1に蓄えられている32ビットを2進数とみなすと，その値は25（$= 2^4 + 2^3 + 2^0 = 16 + 8 + 1$）である．この32ビットを左に2ビット分シフトした32ビットの値は，100でちょうど25の4倍となっている．左へ1ビット，2ビット，3ビット分だけシフトすると，値がそれぞれ2倍，4倍，8倍，16倍となることは明らかであろう．一般に，iビット左へシフトすると値は2^i倍となる．ただし，はみ出した部分のビットがすべて0でないと，このことは成立しないことに注意してほしい．

逆に，右へ1ビット，2ビット，3ビット分だけシフトすると，シフト前の値をそれぞれ2, 4, 8で割ったときの商となる．一般に，iビット分だけ右へシフトすると値は元の値を2^iで割ったときの商（余りは切り捨て）となる．上の右へ2ビット分シフトの例では，25を4で割った商の6となる．

次に，論理和や論理積の命令について説明する．たとえば，論理積と論理和をとる命令はアセンブリ言語でそれぞれ

$$\text{and} \quad \text{\$t1,\$t2,\$t3}$$
$$\text{or} \quad \text{\$t1,\$t2,\$t3}$$

と表される．加算の場合と同様，これはレジスタ$t2と$t3の内容の論理積や論理和をとり，その結果を$t1に蓄えることを意味している．注意しておきたい点は，列同士の論理演算とは，列の各ビットごとの論理演算を意味するということである．たとえば，列a, bを次のように定めたとしよう．

$$a = 111\ 111\ 0\ 111\ 000,$$
$$b = 000\ 111\ 0\ 111\ 111.$$

このとき，これらの列の論理積$\wedge$と論理和$\vee$はそれぞれ次のようになる．

$$a \wedge b = 000\ 111\ 0\ 111\ 000,$$
$$a \vee b = 111\ 111\ 0\ 111\ 111.$$

その他，演算型の命令として，乗算や除算の命令などいろいろあるが，省略する．

次に，データ移動型命令を取り上げる．レジスタ群は32個のレジスタからなる．これに対し，データメモリに蓄えられるワードの数は膨大で5億個程度となり，データの大部分はデータメモリに蓄えられる．データメモリに5億個程度のワードが蓄えられることを含めて，MIPSアーキテクチャでメモリをそれぞれの用途にどのくらい割り当てるかについては5.4節を参照してもらいたい．ところで，レジスタ群とデータメモリは，どちらもデータを蓄える装置であるが，それぞれ特徴をもっている．すなわち，レジスタ群は記憶できるのは小容量であるが，読み書きの動作は高速である．一方，データメモリは，大容量で動作は低速である．全体の計算を効率良く行うために，ALUとのデータの授受は高速で動作するレジスタ群との間で行うこととし，レジスタ群が小容量である点は，レジスタ群とデータメモリの間のデータの送受で対応するようにする．そのため，頻繁に演算を施す必要のあるデータはレジスタ群に蓄えておき，そうでないデータはデータメモリに待避させるように管理する．

このように，レジスタ群とデータメモリの間でデータを移動させる命令が，データ移動型命令である．データメモリからレジスタ群へデータを移動するのがロード（load）命令であり，逆に，レジスタ群から主メモリに移動するのがストア（store）命令である．ロード命令やストア命令では，どこからどこへの移動であるかが，命令の中でレジスタ番号や番地で指定される．

アセンブリ言語のロード命令の例として，

```
lw  $t1,20($t2)
```

を取り上げる．ワードをロードせよというload wordより，この命令のニーモニックはlwと表される．この命令の意味は，20($t2)で表されるデータメモリの番地の内容を，レジスタ$t1に移すというものである．また，一般に，"$v(r)$"という表現は，レジスタ$r$の内容に値$v$を加えた値（この場合は番地）を表す．たとえば，$t2の内容が30000だったとすると，20($t2)は30020(=30000+20)を表す．これは，次節で説明する**相対番地方式**という表現形式に基づいたものである．

次に，ストア命令の例として

$$\text{sw} \quad \$\text{t1},20(\$\text{t2})$$

を取り上げる．この命令のニーモニックは，store word からきており，意味は，レジスタ\$t1 の内容をデータメモリの 20(\$t2) で表される番地に移すというものである．この番地の表現は，lw のときと同様，相対番地方式で表されている．

次に，プログラムの命令の実行の順序を制御する**制御型命令**を取り上げる．このタイプの命令は，前の節で述べたように，ジャンプ命令（jump instruction）と条件分岐命令の 2 つのタイプに分けられる．ジャンプ命令の例として

$$\text{j} \quad 20000$$

を取り上げる．この命令のニーモニックは jump からきており，その内容は次に 20000 番地の命令を実行するというものである．ところで，ジャンプ命令のオペランドの番地 20000 が意味するものについては，機械語の 32 ビットの表現まで持ち出さないと説明できないところもあるので，その説明は機械語の節にまわすこととする．5.1 節で説明したようにジャンプ命令は，無条件分岐命令とも呼ばれることを思い出してほしい．

次に，**条件分岐命令**（conditional branch instruction）の例として

$$\text{beq} \quad \$\text{t1},\$\text{t2},200$$

と表される命令を取り上げる．この命令のニーモニック beq は，branch on equal からきている．この命令は，レジスタ\$t1 とレジスタ\$t2 の内容が等しければ，次にオペランドの 200 が表す番地の命令を実行し，等しくなければこの条件分岐命令の次に置かれた命令を実行するというものである．このオペランド 200 が表す番地については次節で説明する．

同じような命令の例として

$$\text{bne} \quad \$\text{t1},\$\text{t2},200$$

と表される命令もある．この命令のニーモニック bne は，branch on not equal からきている．この命令は，beq の分岐条件 "レジスタ\$t1 とレジスタ\$t2 の内容が等しい" を，"レジスタ\$t1 とレジスタ\$t2 の内容が等しくない" で置き

換えたもので，その他の点については，beq とまったく同じである．

上に取り上げたジャンプ命令や条件分岐命令の例では，番地を表すオペランドが数値として与えられるが，これらの命令のオペランドとして，飛び先についた目印のラベルをおくこともできる．ラベルのつけられた命令の行は，下の例でも示すように"ラベル コロン (:) 命令"の順に並ぶ．コロンの次の命令を改行して，ラベルとコロンの行と命令の行に分けることにより，プログラムをみやすくすることもある．ここで，ラベルはある制約を満たせば（たとえば，命令のニーモニックをラベルとして使うことは許されない），どんな記号列でもよい．さて，ここでラベルを用いたプログラムの例として，$t1 = $t2 が成立するとき，

$$\$t3 \leftarrow \$t4 + \$t5$$

とし，成立しないとき

$$\$t3 \leftarrow \$t4 - \$t5$$

とするプログラムを考えることにする．この計算を if-then-else の構文を使って書くと，

$$\text{if} \quad \$t1 = \$t2 \quad \text{then} \quad \$t3 \leftarrow \$t4 + \$t5$$
$$\text{else} \quad \$t3 \leftarrow \$t4 - \$t5$$

となる．これをアセンブリコードにすると，2つのラベル label と exit を用いて次のように表される．

```
        bne   $t1,$t2,label
        add   $t3,$t4,$t5
        j     exit
 label: sub   $t3,$t4,$t5
  exit:
```

ここで，条件分岐命令として beq ではなく，bne としたのは，ジャンプ系の命令が2回で済むからである．add と sub の命令がこの順序で現れるとすると，条件分岐命令として bne の代りに beq を用いるとすると，ジャンプ系の命令が3回必要となることに注意してほしい．

5.3 相対番地方式と PC 相対

　MIPS の場合，機械語の命令とメモリの番地はどちらも 32 ビットで表される．そのため，命令の表示の中に 32 ビットの番地をすべて書き入れることはできない．命令の中には，他にもいろいろの情報を書き込まなければならないからである．そのため命令の中に番地を盛り込むためにはいろいろの工夫が必要となる．その一つが，ロード命令やストア命令で用いられている相対番地方式と呼ばれる方法である．

　相対番地方式というのは，番地を指定するのに，基準となる番地を定めた上で，その基準の番地と指示したい番地との差で表示する方式である．これらの値の間には

$$指示したい番地 = 基準となる番地 + 表示する番地$$

の関係がある．この式より，

$$表示する番地 = 指示したい番地 - 基準となる番地$$

となるが，表示する番地の値としては正も負も許すものとする．ロード命令とストア命令の相対番地方式では，"$v(r)$" の形で番地を表すが，上の関係式は

$$v(r) が表す番地 = レジスタ r の内容 + v の値$$

となる．$v(r)$ のように，基準となる番地（レジスタ r の内容）との相対的な差（v の値）で表される番地のことを**相対番地**という．この基準との差のことをオフセット（offset）ともいう．また，r のように，基準となる番地を蓄えるレジスタを**ベースレジスタ**という．

　ところで，ロード命令やストア命令では，"$v(r)$" のレジスタ r は 5 ビットのレジスタ番号で表され，オフセットの v は 16 ビットの 2 進数で表される．したがって，$v(r)$ で表される番地は，r の 32 ビットで表される 2 進数とオフセットの 16 ビットで表される 2 進数を加えたものとなる．

　ところで，条件分岐命令でもロード命令やストア命令と同様の問題がある．すなわち，番地表示分として 16 ビットしか割り当てられないので，16 ビット

で 32 ビットの番地をどう表すかということが問題となる．条件分岐命令の場合も相対番地方式により飛び先の命令の番地を表す．ただし，この場合は，データ移動型命令のようにベースレジスタを命令の中で指定するのではなく，はじめからベースレジスタとしてプログラムカウンタ PC を使うことを決めておく．そして，基準となる番地はその条件分岐命令を実行したときの PC 番地とする．このようにベースレジスタとして PC を使う方式は **PC 相対**と呼ばれる．PC 相対では，分岐条件が満たされた場合は，オフセットで表された値の分だけ，現在実行中の命令から進んだり（正のオフセットの場合），戻ったり（負のオフセットの場合）する．ただし，正確には，ハードウェアの構成の観点から，基準となる番地は現在の条件分岐命令ではなく，その次に置かれた命令の番地とするが，詳しくは次章で説明する．

5.4 メインメモリのセグメントへの分割

メインメモリのバイトアドレスとワードアドレス

コンピュータの構成を表す図 5.1 の記憶装置の中の主要な装置にメインメモリがある．メインメモリの連続する番地のワードからなるまとまりを領域といい，特に決まった役割を担う領域をセグメント（segment）と呼ぶ．次の小節でも説明するように，MIPS アーキテクチャでは，メインメモリをセグメントに分けて使う．図 5.2 の構成図の命令メモリやデータメモリは，実際は，どちらもメインメモリの中のセグメントとして実現されている．コンピュータのメインメモリ（主メモリ，主記憶装置ともいう）はロード命令やストア命令などにより直接読み出しや書き込みのできるメモリであり，磁気ディスクやテープなどの **2 次メモリ**（2 次記憶装置ともいう）とは区別される．記憶容量や動作速度について大雑把に言えば，レジスタ群とメインメモリとの関係が，メインメモリと 2 次メモリの関係に対応していると言える．

まず始めに，メモリの番地の割り当てについて説明する．この節ではこれ以降，メインメモリを単にメモリという．メモリ全体は，32 ビットのワードが 1 列に並んだものであるが，各ワードには番地が 0, 4, 8, ... と付けられる．なお，番地は 32 ビットの 2 進列で表されるが，以下では説明の都合上，対応する 10 進数で表すこともある．なぜこのようにとびとびの番地が付けられるのかは，図 5.3 に示す番地の割り当てをみてもらうと，一目瞭然である．これは番地の通

5.4 メインメモリのセグメントへの分割

	4294967292	4294967293	4294967294	4294967295
4294967292				

⋮	⋮			
8	8	9	10	11
4	4	5	6	7
0	0	1	2	3

図 5.3 番地の割り当て．$0, 4, 8, \cdots$ の並び（左側の縦の並び）はワードのアドレスで，箱の中の $0, 1, 2, 3, 4, 5, \cdots$ の並びはバイトのアドレス

し番号を，ワード単位ではなく，バイト単位で付けているからである．ワード単位で付けたアドレスをワードアドレス（word address）と呼び，バイト単位のアドレスをバイトアドレス（byte address）と呼ぶ．この本では特に断らない限り，バイトアドレスを採用するものとする．バイトアドレスを導入することにより，ワード内の特定のバイトを指定できるようになる．図 5.3 に示すとおり，一般に，$4m$ 番地のワードは，$4m$，$4m+1$，$4m+2$，$4m+3$ 番地のバイトアドレスの 4 つのバイトから構成される．また，バイトアドレスは 32 ビットを使って表されるので，最後のバイトの番地は $2^{32}-1(=4294967295)$ であり，最後のワードの番地は $2^{32}-1-3(=4294967292)$ である．なお，ワード内のバイトの並び順は図 5.3 のように昇順にするビッグエンディアン（big endian）方式と，降順にするリトルエンディアン（little endian）方式とがある．すなわち，ワードのアドレスが $4m$ の場合，ワード内のバイトの並びは左から右へ向けて，ビッグエンディアン方式の場合は $4m$，$4m+1$，$4m+2$，$4m+3$ となり，リトルエンディアン方式の場合は $4m+3$，$4m+2$，$4m+1$，$4m$ となる．

ここで，メモリの容量の表し方について少し述べておく．まず，8 ビットに相当するバイトの単位は記号 B で表され，ビットは記号 b で表される．上に述べたようにメモリの個数は 2 のべき乗で表されるため，メモリ容量を表す場合，キロは 1000 ではなく，$1024(=2^{10})$ を表す．このように 1 キロバイト (KB) は $2^{10}(=1024)$B を表し，1 メガバイト (MB) は $2^{20}(=1048576)$B を表し，1 ギガバイト (GB) は $2^{30}(=1073741824)$B を表す．したがって，32 ビットを番地を表すのに使うとすると，2^{32} 個のバイトにバイトアドレスを割り当てることが

表 5.4 いろいろなメモリ容量の表記

記号表示	正確な値	およその値
1KB	$2^{10}(=1024)$B	千 B
1MB	$2^{20}(=1048576)$B	百万 B
1GB	$2^{30}(=1073741824)$B	十億 B

できる．すなわち，4GB と捉えることになる．表 5.4 に上に述べたことをまとめておく．

メインメモリのセグメント構成

図 5.5 は MIPS アーキテクチャの場合のメモリの典型的なセグメントの割り当てを示すものである．

この図に示すとおり，上と下の予備の領域を除くと，メインメモリ全体はテキストセグメント，静的データセグメント，動的データセグメントに分割される．左端に各セグメントの始まりと終わりのワードアドレスを 16 進数で表示してある．図 5.5 では，メインメモリのセグメント表示の慣習に従って，番地は上から下に向けて降順に並べてある．たとえば，一番上のワードの番地は，$4294967292_{10} = \text{FFFFFFFC}_{16}$ である．

図 5.5 の 3 つのセグメントを簡単に説明する．テキストセグメントは，機械語の命令の列として表されたプログラムを蓄える領域である．この領域が図 5.2 の命令メモリに相当する．図 5.5 には，テキストセグメントに蓄えられているプログラムの実行を開始する時点の様子を表している．プログラムカウンタ PC には最初の命令のアドレスが入っており，この場合は，16 進数の 0040 0000 を 32 桁の 2 進数で表したものである．ところで，プログラムを表すときは普通，番地の小さい命令から大きい命令への並びが，上から下に向けて並べられるが，図 5.5 のメインメモリの表示では，慣習に従って，この順序を逆にして下から上に向けて並べられていることに注意してほしい．

ところで，プログラムで扱うデータには**動的なデータ**（dynamic data）と**静的なデータ**（static data）の 2 つのタイプがある．これらの説明に入る前に**手続き**（procedure）について説明する．手続きはひとまとまりの計算を表すコードで，そのコードには名前が付けられる．手続きを実行したいときは，その名前を書いてその手続きを呼び出せばよい．呼び出された手続きの計算が終了すると，

5.4 メインメモリのセグメントへの分割

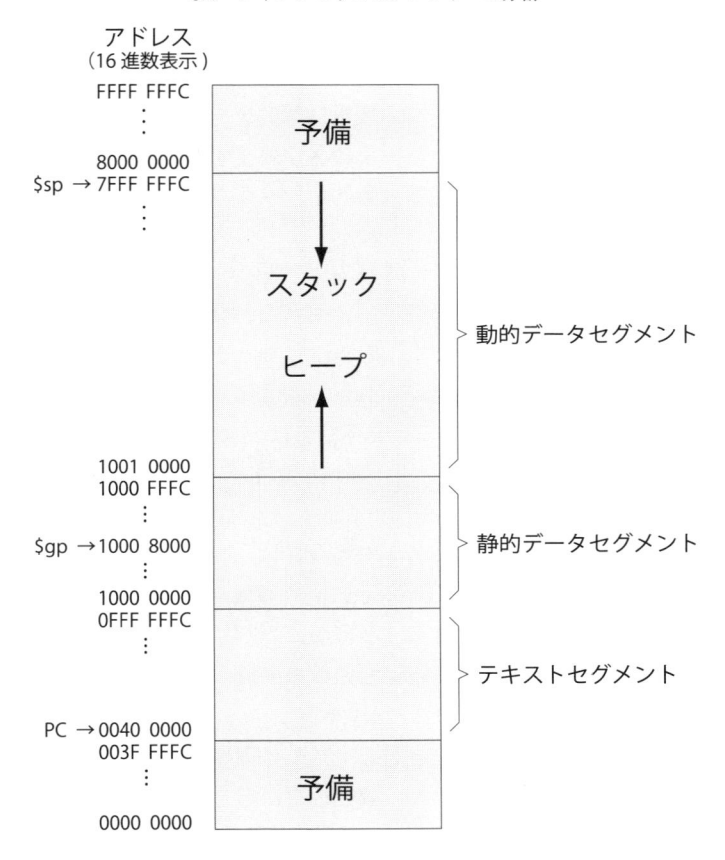

```
アドレス
(16進数表示)
FFFF FFFC  ┌──────────┐
    ⋮      │   予備    │
8000 0000  │          │
           ├──────────┤  ┐
$sp → 7FFF FFFC        │  │
    ⋮      │    ↓      │  │
           │  スタック  │  │
           │           │  ├ 動的データセグメント
           │  ヒープ    │  │
           │    ↑      │  │
1001 0000  │           │  │
1000 FFFC  ├──────────┤  ┘
    ⋮      │           │  ┐
$gp →1000 8000         │  ├ 静的データセグメント
    ⋮      │           │  │
1000 0000  │           │  ┘
0FFF FFFC  ├──────────┤  ┐
    ⋮      │           │  ├ テキストセグメント
           │           │  │
PC → 0040 0000         │  ┘
003F FFFC  ├──────────┤
    ⋮      │   予備    │
0000 0000  └──────────┘
```

図 5.5 MIPS アーキテクチャにおけるメモリの割り当て

呼び出した側に制御が戻り，呼び出した箇所の次のところから計算が再開される．階層化の観点から手続きをみると，これを一つのコンポーネントに捉えることができ，呼び出した側では，そのコンポーネントを用いてプログラムを組み立ててモジュールをつくるとみなすことができる．たとえば，第 2 章で説明したマージソートのプログラムを手続きとして定めておけば，MERGE–SORT (A, T) と書くとマージソートが実行されるので，あたかもソートを実行する命令が新しく追加されたとみなすこともできる．

動的なデータとは，計算が進むにつれてその構造が変わっていくものであり，静的なデータは変わらないものである．図 5.5 に示すように，それぞれのタイ

プのデータを蓄える動的データセグメントと静的データセグメントが用意されている．すべての手続きの外で定義されていて，どの手続きからでも参照できる変数をグローバル変数と呼び，この変数は静的データセグメントに蓄えられる．一方，手続き内で定義され，その手続きが終了すると破棄されるような変数をローカル変数と呼び，この変数は動的データセグメントに蓄えられる．動的データセグメントはさらに，図5.5に示すようにスタックとヒープに分けられる．スタックは，手続きを新しく呼び出すごとに必要となるローカル変数のデータなどを蓄えるものである．一方，ヒープはプログラムの実行中にメモリ割り当ての要求が起こり，その要求に応え，メモリを確保するときに使う領域である．たとえば，C言語の場合，mallocはこのような要求を出し，必要な領域を確保するための関数の例である．具体的にはmallocという関数を呼び出すと，使える領域が残っている場合はその領域を指すポインタを返してくれ，残っていない場合はヌルポインタ（null pointer）と呼ばれる特別の値を返してくる．ここで，ヌルポインタを返してきた場合には，使える領域がヒープに残っていないことを意味する．また，mallocにより領域を確保することだけを続けると，いずれは使える領域が尽きることになる．そこで，必要がなくなった時点で，freeという関数で割り当てられた領域を解放する．スタックでもヒープでも必要なメモリ量が事前にはわからないので，スタックとヒープを相対させ，互いに反対方向に伸びるように配置して，メモリ領域を有効に使えるようにしている．このように，必要となった領域を必要に応じてメモリ領域が尽きるまで，動的に割り当てるメモリ領域が動的データセグメントである．

ここで，各セグメントにおおよそどのくらいのメモリ量が割り当てられているかをみてみることにする．図5.5の左の欄にはアドレスが16進数で与えられているので，各セグメントと始めのアドレスと終わりのアドレスの差からそのセグメントのメモリ量がわかる．メモリ量はバイトを単位として示す．まず，32ビットでバイトアドレスを表すので，メモリ全体では $4\,\mathrm{GB}\ (=2^{32}\,\mathrm{B}=2^2\times 2^{30}\,\mathrm{B}=2^2\,\mathrm{GB})$ のメモリ量である．ここで，$2^{32}\,\mathrm{B}=2^2\times 2^{30}\,\mathrm{B}=2^2\,\mathrm{GB}$．一方，動的データセグメントには，4GBの半分に当たる2GBが割り当てられる．2GBはワードの個数に換算すると，5億個である．なぜならば，ワードをWと表すと，$2\,\mathrm{GB}=2/4\,\mathrm{GW}=0.5\,\mathrm{GW}$ となり，一方，1Gは10億であるからである．動的データのために大量のメモリを確保しておくのは，メモリが尽きてしまうことがなるべく起こらないようにするためである．なお，テキストセグメントに

は，2GB の 1/8 に当たる 256 MB が割り当てられる．

　図 5.5 の左側には矢印で 3 つのポインタが示されている．いずれもメモリのワードにアクセスするためのものである．これらのポインタについて触れておく．これら 3 つのうち，$sp はスタックの先頭を指すポインタであり，PC はこれまで説明してきたようにプログラムカウンタとして働くものである．また，$gp は，静的データセグメントのワードを指定する際のベースレジスタとして働くものである．この領域のアドレスは，16 進数表示で 1000**** の形に表され，しかも 4 の倍数（ワードアドレスなので）である．ここで，4 つの * は，それぞれ 0,1,...,9,A,B,...,F のどれかの値をとる．そこで，$gp をベースレジスタとして，10008000 を基準値として蓄える．この領域のアドレスを相対番地で表す場合は，16 進数表示で 4 桁の正負のオフセットで済むし，2 進数表示では 16 桁の正負のオフセットで済むことになる．なぜならば，この領域のアドレスは 1000**** の形をとることにより，2 進数表示で上位の 16 桁が固定されるからである．

5.5　機　械　語

3 つのタイプの命令フォーマット

　これまでのアセンブリ言語の命令の説明で，MIPS アーキテクチャの代表的な命令について，その働きを理解してもらえたと思う．一方，実際にコンピュータを動かすのは，アセンブリ言語の命令とほぼ 1 対 1 に対応する機械語の命令である．この節では，機械語の命令をアセンブリ言語の命令と対応づけながら説明する．

　はじめに，アセンブリ言語の命令として

$$\text{add}\quad \$t1,\$t2,\$t3$$

と表される加算命令を取り上げる．この命令を機械語の命令として表すと

$$00000001010010110100100000100000$$

となる．この長さ 32 の系列では意味を読み取るのが難しい．そこで，命令全体の 32 ビットを，フィールドと呼ばれる区間に区切り，各フィールドに括弧書きしたような意味をもたせたらどうであろうか．次に示すように，アセンブリ

言語の命令との対応が読み取れるようになる．

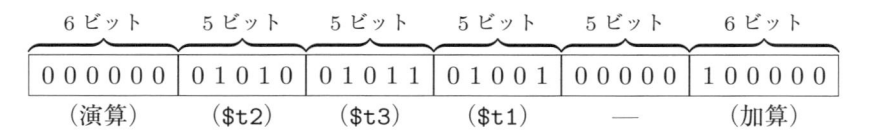

```
  6ビット   5ビット   5ビット   5ビット   5ビット   6ビット
┌────────┬────────┬────────┬────────┬────────┬────────┐
│ 000000 │ 01010  │ 01011  │ 01001  │ 00000  │ 100000 │
└────────┴────────┴────────┴────────┴────────┴────────┘
 （演算）   （$t2）   （$t3）   （$t1）    ―     （加算）
```

最初と最後の 6 ビットのフィールドの組で加算という意味が指定されることや，この命令に関しては何ら意味をもたせない（"―" で示してある）フィールドも存在することに注意してほしい．ここで，レジスタの $t1，$t2，$t3 は，それぞれレジスタ番号の 9，10，11 を 5 桁の 2 進数で表している．また，これらのレジスタがアセンブリ言語の命令では $t1 ← $t2 + $t3 の順序で並んでいるのに対し，機械語の命令では $t2 + $t3 → $t1 の順序で並んでいることも注意してほしい．

32 ビットのフィールドへの区分の仕方を命令フォーマット（instruction format）と呼ぶ．このフォーマットは，上の加算命令のように，オペランドとして 3 つのレジスタ（Register）を引用するので，R フォーマットと呼ばれる．ここで，一般に，オペランドとは演算が施される対象（あるいは，より広く操作の対象）のことで，番地，変数，レジスタ，また，値そのもの（即値）などである．ただし，実際に演算が施されるのは，その番号に蓄えられている値や変数やレジスタの値である．命令フォーマットとしては他に，I フォーマットと J フォーマットがあり，MIPS の機械語命令はこの 3 種類のフォーマットのうちのどれかで表される．そこで，これらのフォーマットを図 5.6 にまとめておく．

32 ビットの位取りの数字を左から右へ向けて 31，30，…，2，1，0 とし，フォーマットの各フィールドの始まりと終わりの箇所に示してある．また，各フィールドのボックスの中のニーモニックはフィールドの名称である．R フォーマットのレジスタを指定する 3 つのフィールドのニーモニックには次のような

```
              31   26 25   21 20   16 15   11 10  6 5     0
R フォーマット：│ op │ rs  │ rt  │ rd  │shamt│ funct │

              31   26 25   21 20   16 15                   0
I フォーマット：│ op │ rs  │ rt  │       imm              │

              31   26 25                                   0
J フォーマット：│ op │            addr                     │
```

図 5.6　命令フォーマット

意味をもたせている．

rs: 演算対象の第1オペランド
rt: 演算対象の第2オペランド
rd: 演算結果の行き先 (destination) のオペランド

初めに，3つのフォーマットとも最初は6ビットの op フィールドとなっていることに注意してほしい．このフィールドをオペコード（operation code）と呼ぶ．この6ビットの内容によって，3種類のフォーマットのどれかを判断して，命令を解釈することができる．op フィールドは，命令の操作の内容を表すフィールドである．演算型命令の場合は，オペコードを 000000 とする．この 000000 は，この命令が演算型であることを示し，具体的な演算の種類は funct フィールドの内容で示す．

次に，図 5.6 のフォーマットのフィールドは，操作を表すものと操作が及ぶ広い意味のオペランドを表すものに二分されることに注意してほしい．op フィールド，funct フィールド，shamt フィールドは操作を表すフィールドで，残りのフィールドはオペランドを表すフィールドである．

主な機械語命令

以下では，本書で引用する機械語の主な命令の例を，対応するアセンブリ言語の命令とともに挙げる．

- add $t1,$t2,$t3

  意味: $t2 と $t3 の内容を加えて，その結果を $t1 に蓄える．

  フォーマットの種類: R フォーマット

000000	01010	01011	01001	00000	100000
（演算）	($t2)	($t3)	($t1)	―	（加算）

- sub $t1,$t2,$t3

  意味: $t2 の内容から $t3 の内容を引き，その結果を $t1 に蓄える．

  フォーマットの種類: R フォーマット

000000	01010	01011	01001	00000	100010
（演算）	($t2)	($t3)	($t1)	―	（減算）

コメント：上に述べた加算命令とは右端のフィールドの内容だけ違っているだけで，他は同じである．

- sll $t1,$t2,2

  意味：$t2 の内容を 2 ビット分だけ左へシフトし，その結果を$t1 に蓄える．

  フォーマットの種類：R フォーマット

000000	00000	01010	01001	00010	000000
（演算）	―	($t2)	($t1)	（シフト量が2）	（左へシフト）

  コメント：最後から 2 番目のフィールド（shamt フィールド）は何ビット分シフトするのかを表す．この場合，2 ビット分なので 5 桁の 2 進数で 2 と表している．このフィールドはシフト量を表すためだけに使われる．フィールド名の shamt は，シフトの量を表す shift amount からきている．なお，右方向へシフトする命令 srl は，最後のフィールドが 000010 に置き換えられるだけで，その他は左方向シフトの場合とまったく同じである．

- lw $t1,20($t2)

  意味：メインメモリの 20($t2) 番地の内容をレジスタ $t1 に移す．

  フォーマットの種類：I フォーマット

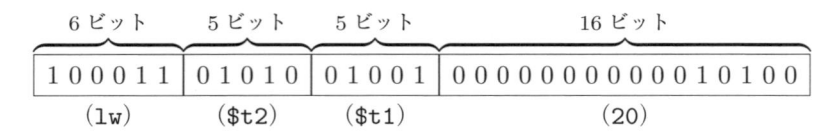

6 ビット	5 ビット	5 ビット	16 ビット
100011	01010	01001	0000000000010100
(lw)	($t2)	($t1)	(20)

  コメント：I フォーマットと呼ばれる命令フォーマットで表されている．メインメモリの番地は相対番地方式で表されており，オフセットの 20 は 16 ビットの imm フィールドに 2 進数で表されている．フィールド名の imm は即値を表す immediate からきている．**即値**とは，数値を表すのに，レジスタを指定してその内容として表すのではなく，2 進数としてじかに表した数値である．

この I フォーマットではロード先の $t1 は rt フィールドに書き込まれている．一方，R フォーマットでは，演算結果を入れるレジスタは rd フィールドに書き込まれていた．このように格納先のレジスタ番号が，R フォーマットでは rd

フィールドに，Iフォーマットでは *rt* フィールドに書き込まれる．これは，Iフォーマットで，オフセットとしてなるべく大きな値を書き込めるように imm フィールドを16ビットと大きくしたため，*rd* フォーマットをなくさざるを得なかったため起こったことである．このために行き先の情報を，*rd* フィールドと *rt* フィールドという異なるフィールドから取らなければならなくなり，その切り換えのためのマルチプレクサが一つ余分に必要となる．詳しくは，次章の6.1節で説明する．

さらに，Iフォーマットで，imm フィールドが16ビットとなっていることについて説明しよう．図5.5に示すように，静的データセグメントの番地はすべて1000****と表される．ここで，各*はばらばらに0, 1, ..., 9, A, B, ..., Fのどれかの値をとるものとする．一方，ベースレジスタ$gpの値は1000 8000に設定されているので，16ビットのフィールドで正負のオフセットを表し，静的データセグメントのすべてのアドレスを相対番地方式で表すことができる．というのは，16進数の*の1個が4ビットに相当するので，****は16 ($= 4 \times 4$) ビットで指定できるからである．

- sw $t1,20($t2)

  意味: メインメモリの 20($t2) 番地にレジスタ$t1の内容を移す．

  フォーマットの種類: Iフォーマット

101011	01010	01001	0000000000010100
(sw)	($t2)	($t1)	(20)

  コメント: 上に述べた lw 命令と同様である．

- j 800

  意味: 次に $800 (= 200 \times 4)$ 番地の命令を実行する．

  フォーマットの種類: Jフォーマット

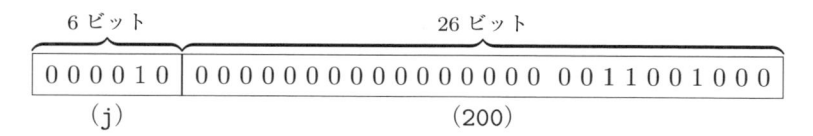

6ビット	26ビット
000010	00000000000000000011001000
(j)	(200)

  コメント: **J**フォーマットは，ジャンプ（Jump）命令のための命令形式で，オペコードを表す op フィールドと飛び先の番地を表す addr フィールドの

2つのフィールドからなる．addrフィールドの26ビットは，すべての命令形式の中で最も長いフィールドであるが，それでも32ビット分のバイトアドレスを表すには6ビット足りない．この問題を解決するための2つの工夫について次に述べる．

ジャンプ命令のaddrフィールドの26ビットで32ビットのアドレスを表すときの不足分の6ビットは，下位の2桁を00とすることと，上位の4桁はそのときのプログラムカウンタの上位の4桁をもってくることにより補充する．具体的には，addrフィールドの26ビットを $a_{27}a_{26}\cdots a_3a_2$ と表すとすると，飛び先のアドレスは次のように与えられる．

$$b_{31}b_{30}b_{29}b_{28}a_{27}a_{26}\cdots a_3a_2 00.$$

飛び先はバイトアドレスで表され，その値は常に4の倍数である．そのため桁数を検約するために26ビットのaddrフィールドには，飛び先のバイトアドレスを4で割った値（すなわち，ワードアドレスとして表したもの）を入れておく．下位の2桁を00とするということは，値を4倍にすることに相当する．また，プログラムカウンタの上位の4桁の $b_{31}b_{30}b_{29}b_{28}$ は，このジャンプ命令のアドレスをPCで表すとすると，PC+4の上位4桁である．これは，一つの命令をフェッチしたら（フェッチした命令のいかんによらず）自動的にPCの内容をPC+4に更新してしまうという，ハードウェアの構成によるものである．先に述べたように，このような飛び先のアドレスの指定の仕方はPC相対と呼ばれる．次に説明するように，図5.5のようなセグメントの割り当てをすると，PC+4の上位4桁は0000となる．そのため，このジャンプ命令の例のようにimmフィールドの値が200の場合は，ジャンプ先のアドレスは $800(=200\times 4)$ となる．

なお，図5.5に示したように，機械語の命令の列が蓄えられるセグメントの番地は16進数で0FFF FFFCから0040 0000の範囲にある．この範囲の番地を2進数として表したときの上位4桁は常に0000となる．したがって，この場合は，プログラムカウンタPCを参照することなく，b_{31}, b_{30}, b_{29}, b_{28} は，すべて0としてもよい．

- beq $t1,$t2,800

  意味: $t1と$t2の内容が等しければ，PC+4+800番地に置かれている命令にジャンプしてこれを実行し，等しくなければこの条件分岐命令の次

に置かれた命令を実行する．ただし，PC はこの条件分岐命令が置かれている番地を表す．

フォーマットの種類: I フォーマット

0 0 0 1 0 0	0 1 0 0 1	0 1 0 1 0	0 0 0 0 0 0 0 0 1 1 0 0 1 0 0 0
(beq)	($t1)	($t2)	(200)

コメント: 前のジャンプ命令の場合と同様，800 という相対番地を表示するのに，imm フィールドに 800 の 1/4 の 200 を 2 進数で入れる．

　上に述べたジャンプ命令や条件付分岐命令では，飛び先の 32 ビットのアドレスを表すのに，それぞれ 26 ビットや 16 ビットしか使えない．両者の命令とも飛び先のアドレスの指定に際し，現時点での PC の内容を基準にして，それからのズレを命令内のフィールドを使って指定するという PC 相対の方法をとっている．この方法は，一般に，プログラムで次に実行される命令は，現在実行されている命令から大きくは変わらないという性質に基づいている．この性質は局所性と呼ばれるが，これについては第 7 章 3 節で詳しく説明する．

6 コンピュータの構造とその働きの制御

　前章では，MIPS の命令セットの代表的な命令について説明した．この章では，コンピュータの構造を説明するとともに，機械語で書かれたプログラムをコンピュータがどのようにして解釈し，実行するかについて説明する．

6.1 コンピュータの構造と命令の実行

命令実行のサイクル

　命令の列として表されたプログラムが与えられると，私たちはプログラムの各命令を順次実行したときの動きをイメージしてたどることができる．プログラムの実行の思考シミュレーションである．具体的には，命令が順次実行されたとき，PC やレジスタ群やデータメモリの内容がどう変わっていくかをたどるのである．コンピュータとは，命令の列として表されたプログラムを命令メモリに蓄え計算をスタートすると，この思考シミュレーションと同じ動きをするように電子回路を組み立てたものである．なお，実際のコンピュータでは，図 6.1 の 5 つの装置の他にも入出力装置があり，入力装置からのデータの読み込みや出力装置への計算結果のデータの書き出しなどの操作も加わる．コンピュータがプログラムを解釈し実行するためには，図 6.1 の 5 つの装置に加え，いろいろの装置と装置の間でデータを送受するワイヤも必要となる．さらに，実行する命令をフェッチしてその情報を読み取った上で，ALU を命令で指示された演算を実行するように制御したり，マルチプレクサを使い装置の間の接続を制御することも必要となる．図 6.2 は，このようなことをすべて盛り込んだコンピュータの構成を表す図で，その一部に図 6.1 も含んでいる．全体を表す図 6.2 は複雑で，その働きの全体を理解することは簡単ではないが一歩一歩説明を進めていく．

　そのはじめのステップとして，まず，典型的な命令を取り上げ，個々の命令がどう実行されるかを説明する．これまでにも説明してきたように，コンピュー

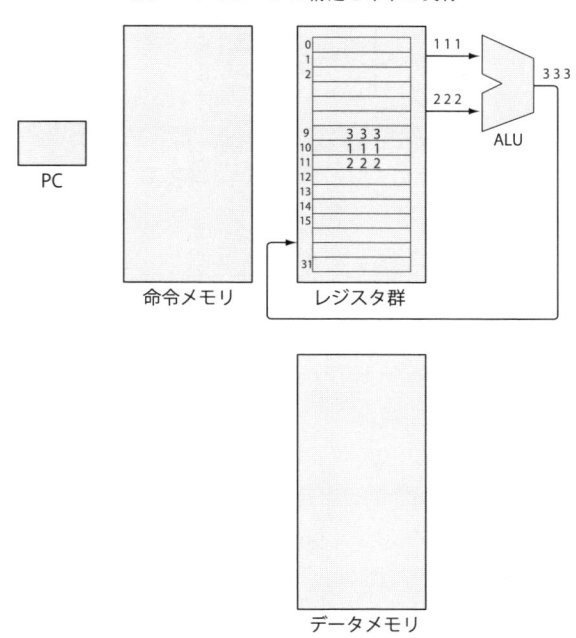

図 6.1 フォンノイマン型アーキテクチャの 5 つの装置

タはプログラムの命令を実行するのに次の 4 つのステップを繰り返す.

命令実行のサイクル:
1. (命令のフェッチ) 命令メモリから PC が指す番地の命令をフェッチする.
2. (PC の更新) 次に実行すべき命令の番地を PC に入れる.
3. (命令の実行) 1 でフェッチされた命令を実行する. ただし, 命令が停止命令なら, 実行を終える.
4. 1 へジャンプする.

代表的な命令の実行の詳細

次に, 加算命令, ロード命令, ストア命令, 条件分岐命令, ジャンプ命令について, 1 の命令のフェッチは完了しているという前提のもとで, どのように 2 や 3 を実行するかについて説明する.

上の手順の 1 で命令がフェッチされると, PC の内容は, どんな命令の場合

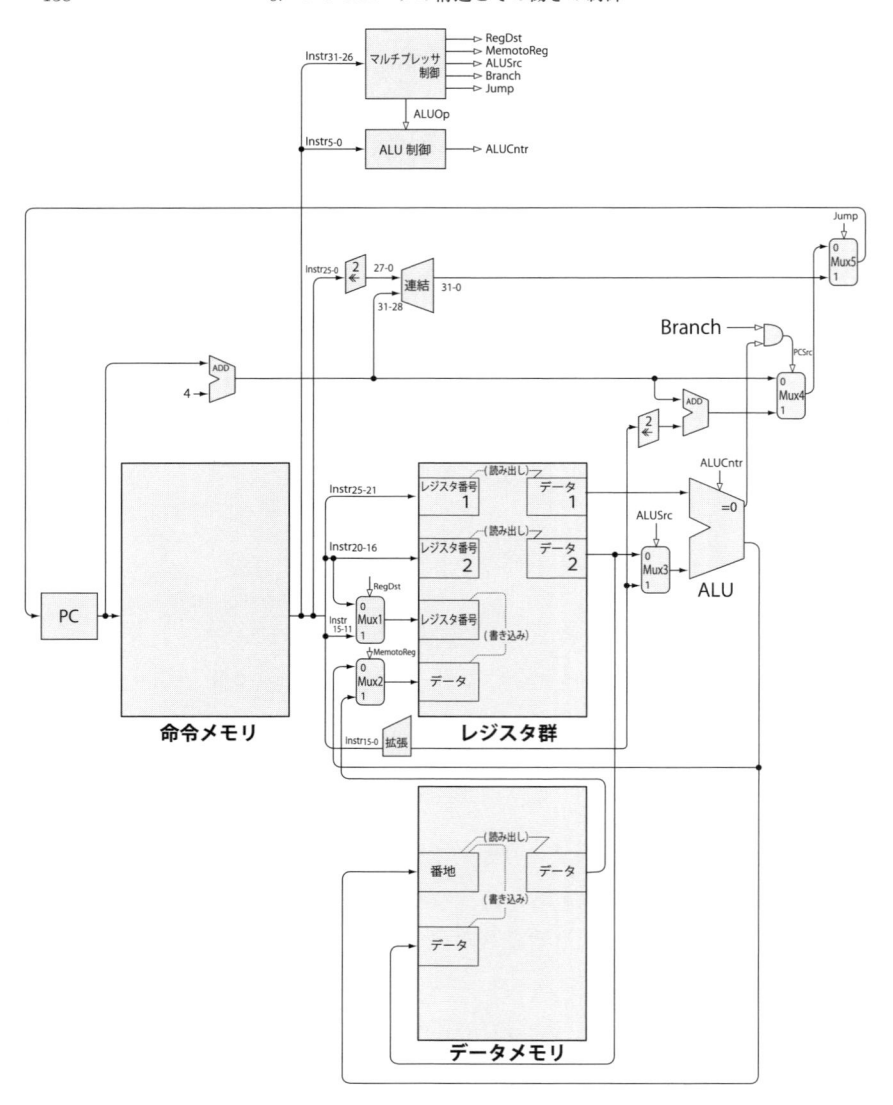

図 6.2 フォンノイマン型アーキテクチャの全構成

でも，いったんは PC + 4 に更新される．上に挙げた命令では，条件分岐命令とジャンプ命令以外の命令の場合は，PC + 4 にプログラムカウンタを更新すればいいし，条件分岐命令の場合は，PC + 4 をベースアドレスとして更新す

6.1 コンピュータの構造と命令の実行　　　　　　　　　　139

べき番地を計算する．そこで，**2** の PC の更新については条件分岐命令とジャンプ命令についてのみ説明する．

　上に挙げた命令のうちジャンプ命令を除く 4 つの命令が実行されるときのデータの流れを 4 色のワイヤで示すことにする．本書の口絵のカラーの図とそのモノクロ版の図 6.3 を参照してもらいたい．全体の構成は図 6.2 に示されるとおりであるが，命令の種類に依存して，命令フォーマットの参照されるフィールド

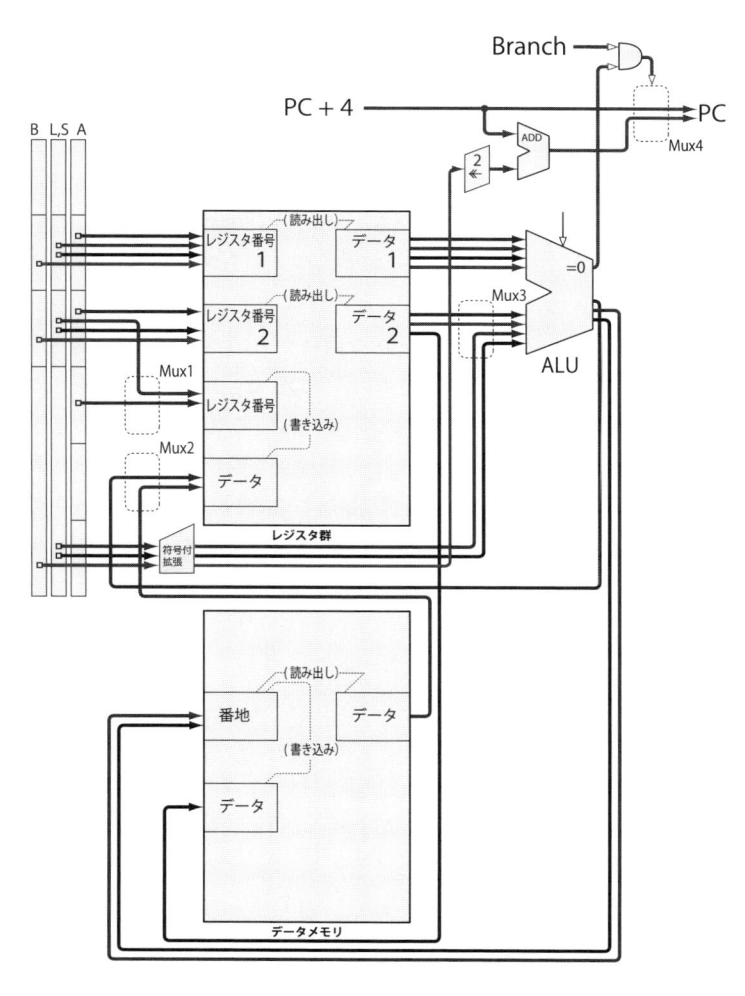

図 **6.3**　フォンノイマン型アーキテクチャにおける命令の実行

やマルチプレクサによるワイヤの接続が変化する．ワイヤの接続の様子を，加算命令は青で，ロード命令は緑で，ストア命令は茶で，条件分岐命令はえんじで表してある．また，これらの命令の命令フォーマットを op フィールドを上にして並べてある．図 6.3 では，1 でフェッチ済みの命令のそれぞれのフィールドから，色付けされたワイヤで必要なデータを取り出すようにしている．実際には，フェッチ済みの命令はいったん命令用のレジスタに蓄えられ，命令を解読してアクセスすべきフィールドがどこかを判断して取り出している．この命令用のレジスタは共通して使われるが，図では説明のために 3 つの命令フォーマットを別々に並べてある．同様に，色付けされたワイヤも多くは共通して使われる．加算命令（A），ロード命令（L），ストア命令（S），条件分岐命令（B）のフォーマットは，それぞれ A，L，S，B で示してある．

　各命令が意図したとおりに実行されるためには，各装置を適切に働かせるために 2 種類の制御が必要となる．一つは，各マルチプレクサをうまく制御して，必要なデータが適切に送られるようにワイヤを接続させなければならない．図 6.3 では，マルチプレクサが配置される箇所が丸みを帯びた破線の長方形で示されている．図 6.3 の 4 色で表したラインは意図したように接続されたときのワイヤを表している．一方，ALU は元々いろいろの演算を実行できる装置であるが，うまく制御して意図した演算を実行させなければならない．これがもう一つの制御である．たとえば，加算命令の場合は ALU は加算を実行するように制御されるし，条件分岐命令の beq の場合は減算を実行するように制御される．というのは，条件分岐命令の beq　$t1,$t2,200 の場合，$t1 = $t2 が成立するかどうかは，$t1 と$t2 を ALU に入力し，減算を行ない，その結果が，0 となるかどうかで判定するからである．なお，図 6.3 で ALU に上から入る⇩は，ALU を制御する信号を入力するためのものである．これ以降でも制御信号は同様の矢印で表すものとする．このように，マルチプレクサの制御と ALU の制御が必要となるが，これらの制御はどのような情報に基づいて行われるのだろうか．当然のことながら，現在実行中の命令の op フィールドや funct フィールドの内容に基づいて行われる．これらの制御については次の 6.2 節で説明することとし，制御は適切に行われているという前提のもとで，各命令はそれぞれの装置を使ってどのように実行されるかをまず説明することにする．

　はじめに加算命令

```
add  $t1,$t2,$t3
```

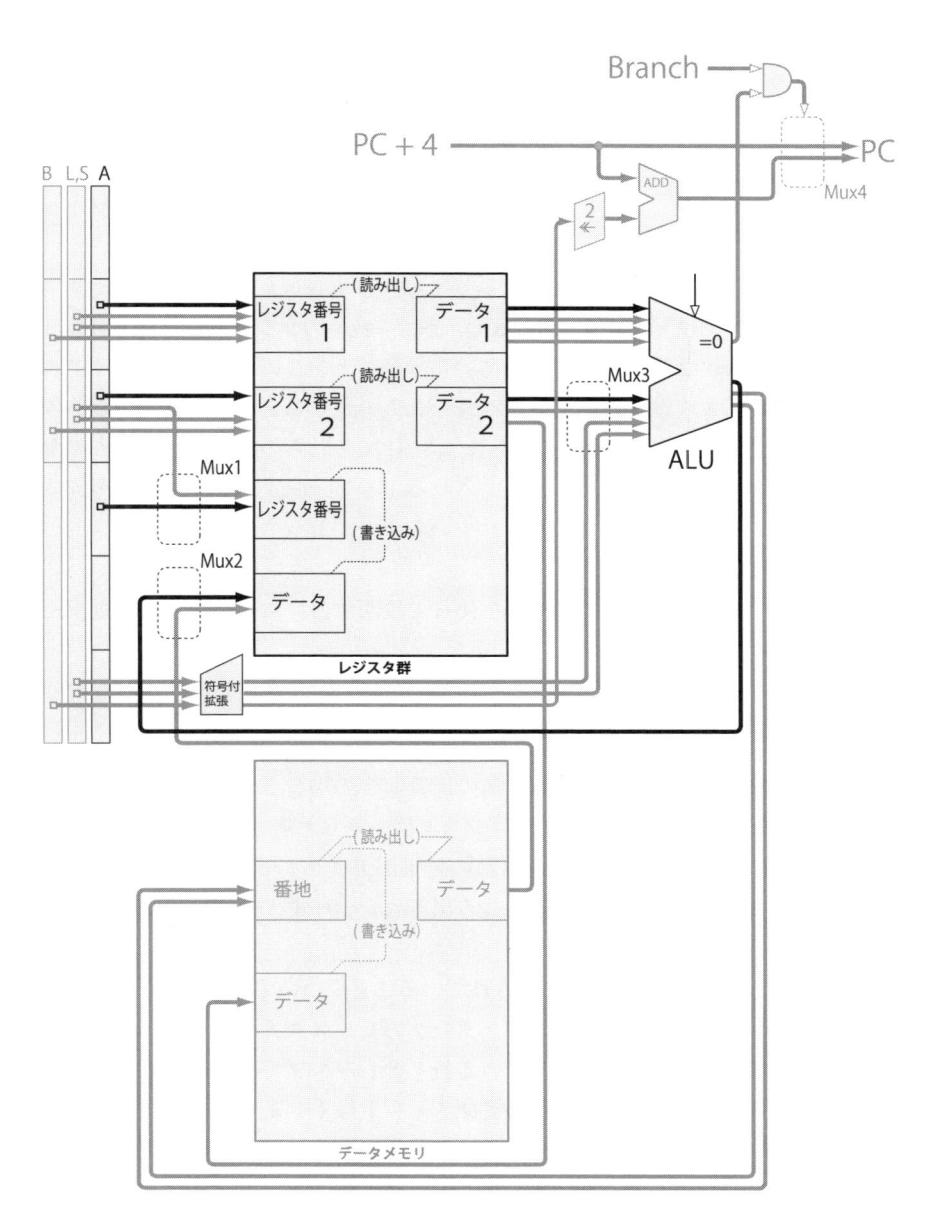

図 **6.4** 加算命令の実行

を取り上げる．図6.4は，この命令に関連する部分だけを強調した図である．命令のフェッチは完了しているとしているので，この図では3つのレジスタ$t1，$t2，$t3のフィールドからレジスタ群に向けたワイヤが張られている．なお，これらのレジスタがRフォーマットのフィールドに現れる順番は，上から$t2，$t3，$t1である．これまでALUやマルチプレクサの制御について説明したときにも述べたように，実際にはopフィールドやfunctフィールドから制御のためのワイヤが張られているが，この図では省略している．

この図のデータの流れで，$t1 ← $t2 + $t3 が実行されるのは明らかであろう．$rs$, rt, rd のフィールドには，$t2，$t3，$t1のレジスタ番号10，11，9がそれぞれ5桁の2進数として入っている．$t2と$t3の番号がレジスタ群の読み出し用レジスタ番号のポートにそれぞれ入力されると，これらのレジスタの内容がレジスタ群からALUへ送られ，ALUでそれらの和 $t2 + $t3 が計算され，書き込みデータのポートに入力される．一方，$t1のレジスタ番号が書き込みのレジスタ番号として入力されているので，レジスタ$t1に $t2 + $t3 が書き込まれることになる．

次に，ロード命令について図6.5を使って説明する．ロード命令としてアセンブリ言語で

```
lw    $t1,20($t2)
```

と表されるものを取り上げる．この命令の各フィールドの内容の取り込みやレジスタ群の読み出しや書き込みは，前の加算命令の場合と同様である．加算命令では，ALUの加算の結果が直接レジスタ群へ送られ書き込まれたのに対し，ロード命令では，ALUのアドレス計算の結果がデータメモリに送られ，そのアドレスのデータが読み出され，その読み出されたデータがレジスタ群の$t1と指示されたレジスタに書き込まれる．

ロード命令がIフォーマットで表されていることについて，もう少し詳しく説明する．rsフィールドはベースレジスタ$t2のレジスタ番号を与え，$rt$フィールドはロード先のアドレスを蓄えている$t1のレジスタ番号を与える．このように行き先（destination）を表すrdフィールドはIフォーマットには存在せず，代わりにrtフィールドがその役割を果たしている．そのため，書き込み先のレジスタ番号のポートには，加算命令の場合はrdフィールドからデータが送られ，ロード命令の場合はrtフィールドからデータを送ることになる．そのた

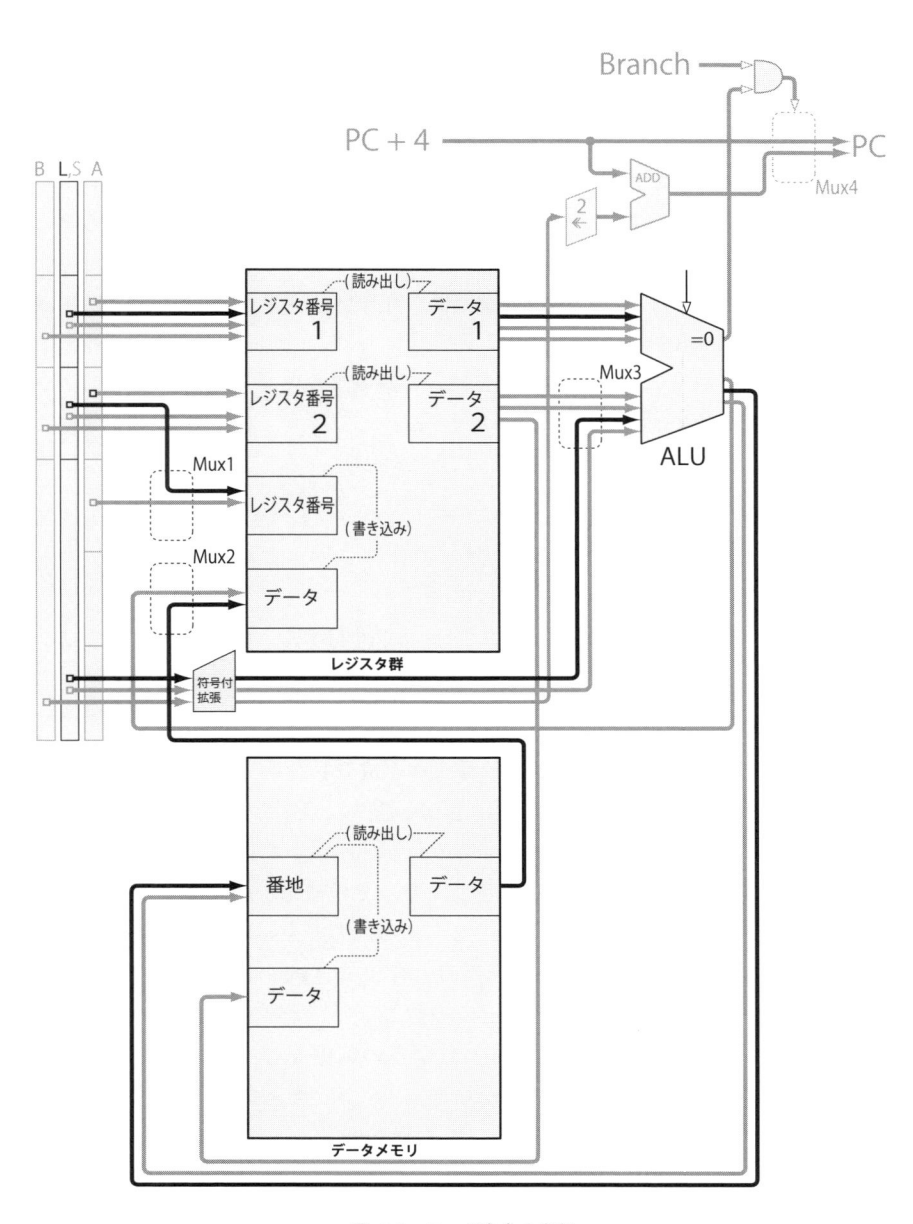

図 **6.5** ロード命令の実行

めに切り換えが必要となるが，この切り換えを行うのがマルチプレクサ Mux1 である．

次に，相対番地方式で 20($t2) と表される番地が ALU でどのように計算されるかについて説明する．この番地は $t2 の内容と相対番地の 20 を ALU に入力し，加算を実行して求める．このうち，$t2 の内容は rs フィールドのレジスタ番号でレジスタ群から読み出せる．または，20 は imm フィールドから直接 ALU に送ればよい．ただし，imm フィールドの 16 桁の 2 進数を符号付拡張しておく．ここで，符号付拡張の装置では，符号付き 2 進数の値は変えないで，16 桁から 32 桁へ変換が実行される．

次に，ストア命令について図 6.6 を使って説明する．ストア命令としてアセンブリ言語で

$$\text{sw} \quad \$t1, 20(\$t2)$$

と表されるものを取り上げる．データメモリにストアすべき $t1 の内容はレジスタ群からデータメモリに送られる．また，ストアすべき番地 20($t2) は，ロード命令と同様に ALU により計算される．

次に，条件分岐命令について図 6.7 を使って説明する．取り上げる命令は

$$\text{beq} \quad \$t1, \$t2, 200$$

である．この命令は，$t1 = $t2 の分岐条件が成立したら，PC＋4 をベースアドレスとして，オフセット 200 で指示される命令に飛ぶ命令である．図 6.7 に示すように，分岐条件 $t1 = $t2 が成立するかどうかの判定は，ALU に $t1 と $t2 の値を入力し，減算を実行させた上で，その結果が 0 かどうかを判定させて行う．この判定の結果は，ALU の 2 つある出力の上のワイヤに出る．一方，PC＋4 と (PC＋4)＋200 の両方を計算した上で，$t1 = $t2 の分岐条件が成立するか，しないかにより，次の PC の値として，それぞれ (PC＋4)＋200 か PC＋4 を選択する．この選択は上方からの制御記号に基づいてマルチプレクサ Mux4 が行う．この場合の (PC＋4)＋200 を選択する条件は，現在実行中の命令が条件分岐命令であること（Branch）と $t1 = $t2 であること（ALU の "= 0" の出力）の両方が成立するかということである．図 6.7 では，(PC＋4)＋200 が選択される場合について，選ばれたワイヤを強調して描いている．なお，図 6.7 と異なり図 6.3 には可能性のあるものをすべて書き込んで

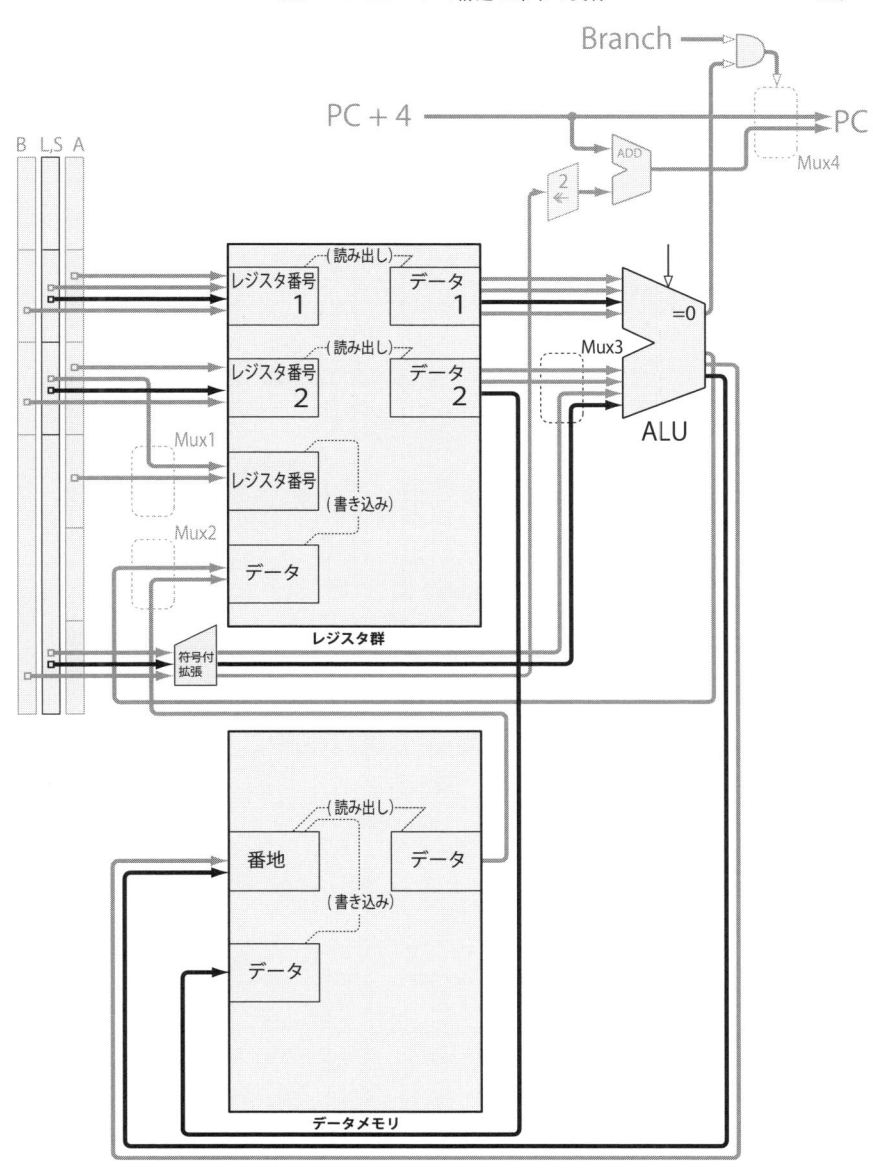

6.1 コンピュータの構造と命令の実行

図 **6.6** ストア命令の実行

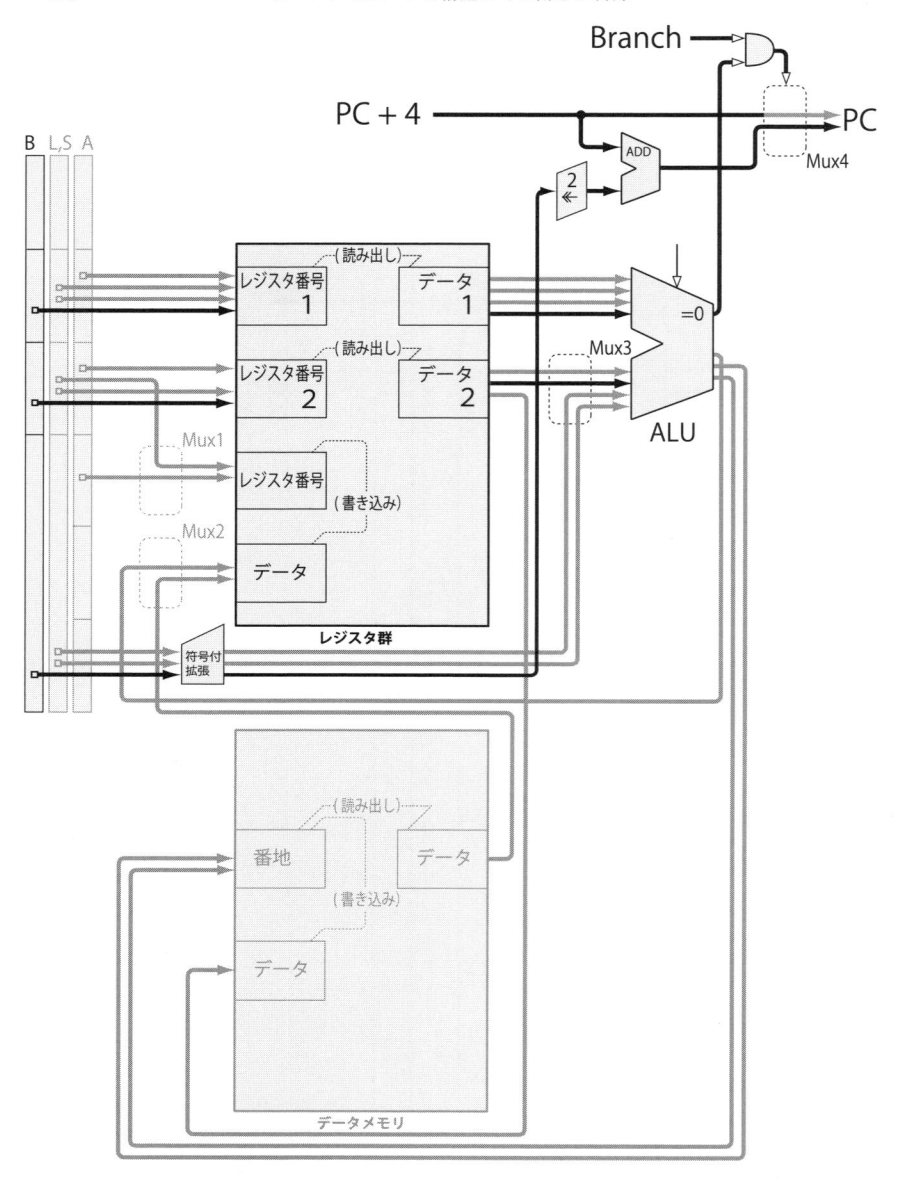

図 6.7 ジャンプ命令の実行

おり，実際にはマルチプレクサ Mux4 から出る 2 本の内の 1 本が制御記号に依存して選択される．これらの図では，命令の op フィールドから $Branch$ を計算する回路，PC + 4 を計算する回路など，省略しているものは多い．これらの省略した部分については，次の 6.2 節で詳しく説明する．

次に，条件分岐命令の imm フィールドのオフセットは，バイトを単位とするのではなく，ワードを単位とした数値が書き込まれることに注意した上で，そのことに関連する動作について述べる．ベースアドレスから m ワード分離れている場合，オフセットは，バイトを単位とすると $4m$ となり，ワードを単位とすると m となる．このようにワードを単位とするとバイトを単位とした場合の 1/4 の値を書き込めばよいこととなり，16 ビットしかない imm フィールドでもより大きなオフセットを指定できるようになる．図 6.7 に示すように，imm フィールドの 16 ビットは，まず "符号付拡張" で値は変えないで 32 ビットに変換され，次いで，$\xleftarrow{2}$ の装置により，左方に 2 ビット分だけシフトされる．これは，数値としては 4 倍されることに相当する．この例の場合，imm フィールドには即値で 50 が書き込まれており，それが左方に 2 ビット分シフトで，50×4 となり，最後に，別に計算された PC + 4 と加えられて，$PC + 4 + 50 \times 4$ が得られる．なお，オフセットや番地を表すフィールドにバイトアドレスを基準にした場合の 1/4 の数値を書き込むという取り決めは，条件分岐命令だけでなく，ジャンプ命令に対しても適用される．

最後に，ジャンプ命令について図 6.2 を使って説明する．取り上げる命令の例は

$$\text{j} \quad 800$$

である．ジャンプ命令では，飛び先の番地は 26 ビットの addr フィールドにより指定される．しかし，これでは 32 ビットのバイトアドレスを指定するには足りないので工夫が必要となる．足りないビットの補足は 5.5 節で説明したように行う．まず，addr フィールドの 26 ビットを $a_{27}a_{26} \cdots a_3 a_2$ と表すことにする．ただし，800 を表すこの $a_{27}a_{26} \cdots a_3 a_2$ は 5.5 節のジャンプ命令のフォーマットとして具体的に与えられるとおりである．この 26 ビットは図 6.2 の上方の左へ 2 ビット分シフトの装置（$\xleftarrow{2}$ と表されている）に入力されると，$a_{27}a_{26} \cdots a_3 a_2 00$ に変換される．一方，PC + 4 の上位 4 ビットを $b_{31}, b_{30}, b_{29}, b_{28}$ と表すとすると，これらの系列が図 6.2 の上方の連結の装置に入力される

と，両者はつながれて

$$b_{31}b_{30}b_{29}b_{28}a_{27}a_{26}\cdots a_3a_200$$

が出力される．ジャンプ命令の場合は，PC を更新する値として，こうして得られた 32 桁の 2 進数が選択される．命令がジャンプ命令であることを判定して，この選択をするのが，図 6.2 のマルチプレクサ Mux5 である．

6.2 命令の実行の制御

これまで典型的な命令をいくつか取り上げ，どの装置をどのように使い，命令が実行されるかについて説明してきた．この説明では，ALU で実行する演算をうまく制御し，マルチプレクサでワイヤの接続をうまく制御することを前提とした．この節では，命令を意図したように実行するためのこれらの制御について説明する．この制御のための信号を送ることも，その制御信号に基づいて動作することも，コンピュータのハードウェア—電子回路—が行っている．

図 6.2 はコンピュータ全体の構成を表す図である．この図の上の 2 つのボックスはマルチプレクサを制御する信号と ALU を制御する信号を計算するところである．それ以外の部分はこれらの制御信号に基づいて動作する部分である．詳しい説明に入る前にこの図の読み方について，その動作にも触れながら少し説明しておきたい．まず，制御信号については途中のワイヤを省略しているということである．たとえば，マルチプレクサ制御から出力される Jump から，Mux5 に入力される Jump まで実際はワイヤで結ばれているが，これを省略してある．なお，この Jump は 1 ビットの値をとり，実行中の命令のオペコードがジャンプ命令を表すものであれば値 1 をとり，そうでなければ値 0 をとる．そして，値 1 をとるときは，マルチプレクサ Mux5 の下の入力が選択され，PC を更新する値として，ジャンプ命令の addr フィールドの値に基づいて計算された 32 ビットが送り出される．図 6.2 のどのマルチプレクサにおいても，制御信号 Jump の値が 1 であるか，0 であるかに応じて，それぞれ 2 本の入力ワイヤの内の下のワイヤ（マルチプレクサ内に 1 と書かれている方）か上のワイヤ（同じく 0 と書かれている方）が選択される．

次に説明しておきたいことは，命令メモリからは 32 ビット幅のバスが出力されるということである．ここで，バス（bus）とは複数のワイヤ（1 ビット用）

6.2 命令の実行の制御

の束のことである．バスにより複数の信号をまとめて同時に送ることができる．まとめるワイヤの本数のことをバスの幅と言う．たとえば，レジスタ番号1のポートに入力されるのは，この32ビットのうちの25桁目から21桁目を抜き出した6ビットである．まとめると，複数のワイヤが合流する場合は，マルチプレクサでそのうちの一つのワイヤが選択される．一方，一つのワイヤが複数のワイヤに分岐する場合は，分岐後のどのワイヤでも，範囲を $i-j$ というように指定すれば，元のワイヤの上にあるビット幅の信号から，その範囲を抜き出すことができる．

次に，マルチプレクサを制御する信号とALUを制御する信号をどのように計算するかについて説明する．

これまで，マルチプレクサでどのように入力ラインを選択し，ALUにどの演算を行わせて，各命令を実行するかを説明してきた．与えられた命令のopフィールドの内容，さらに，演算型命令の場合は，functフィールドの内容をみれば，各マルチプレクサにどの入力ラインを選択させ，ALUの演算として何を選択すればよいかがわかる．私たちがいったん各命令の意味を理解してしまえば，どのようにマルチプレクサの入力ラインを選択しALUの演算を選択して計算を進めるかの思考シミュレーションができるが，それと同じことをハードウェアにやらせるということが基本である．この基本に基づいて構成したものが図6.2である．

図6.2のマルチプレクサ制御とALU制御の回路で，上に述べた考え方に基づいて制御信号を計算する．

はじめに，ALU制御回路について説明する．この回路は6ビットのオペコード Instr_{31-26} を入力し，各々1ビットの制御信号 RegDst, MemotoReg, ALUSrc, Branch, Jump と2ビットの出力 ALUOp を計算する．これらの1ビットの制御信号の意味は表6.8で示してある．1ビットの制御信号はそれぞれ図6.2の5つのマルチプレクサを制御するためのものである．他の制御信号についてもいくつか説明する．RegDst はマルチプレクサ Mux1 を制御するもので，RegDst の Dst は destination（行き先）を略記したものである．RegDst は，レジスタ群の書き込み先のレジスタ番号を，演算型命令のときのように rd フィールドからとる（RegDst=1）のか，それともロード命令のときのように rt フィールドからとる（RegDst=0）のかを制御する．また，ALUSrc の Src はソースを表す source を略記したものである．この ALUSrc によりマルチプレクサ Mux3

表 6.8 マルチプレクサを制御する信号の意味

制御信号の名前と値	意味
RegDst=0	書き込みレジスタ番号を rt よりとる.
RegDst=1	書き込みレジスタ番号を rd よりとる.
MemotoReg=0	レジスタ群の書き込みデータを ALU の出力からとる.
MemotoReg=1	レジスタ群の書き込みデータをデータメモリの出力からとる.
ALUSrc=0	ALU の下の入力をレジスタ群の下の出力からとる.
ALUSrc=1	ALU の下の入力を符号付拡張の出力からとる.
Branch	条件分岐命令のときに限り値 1 をとる.
Jump	ジャンプ命令のときに限り値 1 をとる.

を制御することにより,ALU の第 2 の入力のソースを,符号付拡張の出力からとる (ALUSrc=1) か,レジスタ群の出力からとる (ALUSrc=0) かを選択する.表 6.9 はマルチプレクサ制御回路の入出力関係を与える.入力の $Instr_{31-26}$ は,オペコード 000000 (add, sub, and, or などのとき) や対応するニーモニックで表されている.たとえば,出力の RegDst については,書き込みレジスタ番号が,入力が 000000 のとき(演算型命令のとき)は,rd フィールドから来るように RegDst=1 と定められ,また,入力が lw のとき(ロード命令の

表 6.9 マルチプレクサ制御回路の入出力関係

入力: $Instr_{31-26}$ \ 出力の制御信号	RegDst	ALUSrc	MemotoReg	Branch	Jump	ALUOp
000000	1	0	0	0	0	10
lw	0	1	1	0	0	00
sw	*	1	*	0	0	00
beq	*	0	*	1	0	01
j	*	*	*	*	1	*

とき）は rt フィールドから来るように，RegDst=0 と定められている．また，入力の Instr$_{31-26}$ が sw, beq, j のときは，そもそもレジスタ群に書き込むことはしないので，RegDst の値としては"どんな値であっても構わない"ことを表す * と定められている．その他，RegDst から Jump までの信号に関しては，表 6.9 のように定めれば，各命令が意図したとおりに実行されるようにマルチプレクサで入力が選択されることを確かめることができる．出力 ALUOp については以下で説明する．

次に，ALU 制御回路の計算について説明する．この回路は，ALU の演算の種類を指示する制御信号 ALUCntr を計算する．ALU は，ALUCntr を制御信号として受け，その信号が意味する演算を行う．ALU 制御回路の入力は，Instr$_{5-0}$ とマルチプレクサ制御回路の出力 ALUOp であり，出力は制御信号 ALUCntr である．これら入力と出力は実際はすべて 0 と 1 の系列であるが，入力 Instr$_{5-0}$ と出力 ALUCntr はニーモニックで表す．わかりやすさを優先するためである．もちろん，ALU 制御回路をゲートを接続して論理回路として実現するためには，ニーモニックはすべて 0 と 1 の列として表さなければならないが，ここではこの回路の入出力関係に焦点を合わせて説明することとし，ニーモニックと 2 進数の対応については省略することとする．

ALU 制御回路の入出力関係は表 6.10 で与えられる．表 6.10 は，命令をそのニーモニックにより 3 つのグループに分類して考えると理解しやすい．第 1 グループは，add, sub, and, or からなるものでその op フィールド（Instr$_{31-26}$）はいずれも 000000 である．第 2 グループは lw と sw からなり，第 3 グループは beq である．マルチプレクサ制御回路の出力 ALUOp は，対象の命令が，この 3 つのグループのどれに属するかを示すためのものである．3 つを区別するのに必要な 2 ビットを使い，第 1，第 2，第 3 の各グループにそれぞれ 10, 00, 01 を割り当てた．表 6.10 は次のように読むことができる．すなわち，第 1 グ

表 6.10　ALU 制御回路の入出力関係

入力: ALUOp＼入力: Instr$_{5-0}$	add	sub	and	or
10	add	sub	and	or
00	add	add	add	add
01	sub	sub	sub	sub

ループの 10 のときは，$Instr_{5-0}$（funct フィールド）が示す演算の種類をそのまま出力し，第 2 グループの 00 のときは，$Instr_{5-0}$ の内容のいかんにかかわらず add（相対アドレス方式の番地を計算するための加算）を出力し，第 3 グループの 01 のときは，$Instr_{5-0}$ の内容にかかわらず sub（2 つのレジスタの値が等しいことを判定するための減算）を出力する，と解釈される．

ところで，私たちが 32 ビットの命令コードをみて，マルチプレクサや ALU の制御信号を決めるときのことをもう一度考えてみよう．まず，マルチプレクサの制御信号は，どんな命令の場合でもオペコードだけから決めることができる．一方，ALU の制御信号は，演算命令のときだけ，さらに，funct フィールド（すなわち $Instr_{5-0}$）をみて，そこで表されている演算の種類を ALU の制御信号とする．図 6.2 のように，命令の 32 ビットから [3..26] と [5..0] の範囲を抜き出して入力し，2 段階に分けて制御信号を計算するということは，私たちが制御信号を決める思考の流れを，回路として具体化したものとみなすことができる．

これで，コンピュータの構造と働き，さらにその働きの制御についての説明を終わる．ただ，これまでの説明では省略したことも多い．命令については，代表的な一部のものしか説明していないし，また，制御に関しては，レジスタ群やデータメモリに書き込んだり，読み出したりする際に必要となる制御信号についての説明も省略した．

6.3 命令セットの選択

これまで MIPS アーキテクチャを取り上げ，機械語とアセンブリ言語で表した命令セットの命令とコンピュータの構造と働きを説明した．この節では，コンピュータ全体を理解した上で，そもそもなぜこれまで説明したような命令セットが選ばれたのか，また，機械語の命令はなぜ R，I，J の命令フォーマットで表すようにしたのかについて説明する．

コンピュータがこの世の中に現れる前の 1930 年代に，命令セットとして何が適切かという問題はすでに研究されていた．ただし，この研究は，"正確に書き表された手順" とは何かを数学的にはっきりさせることを目指したものである．そして，チューリング（Alan Turing）はチューリング機械という，数学的に定義されたコンピュータの数学モデルを導入し，"チューリング機械で

解ける"ということと，"正確に書き表された手順で解ける"ということは同じとみなしてよいとする，"チャーチ・チューリングの提唱"を唱えたのである．ここではチューリング機械の定義は省略するが，この提唱は，"正確に書き表された手順"という，厳密に定義されているとはいえない概念が，"チューリング機械のプログラムとして表されるもの"という，数学的に定義された概念と同じと主張するものである．このテーマに関連したチューリングの大きな発見は，チューリング機械で解けない問題を具体的に示したことである．これは，それを解くアルゴリズムが存在しない問題を具体的に与えたという成果である．チューリングのもうひとつの発見は，チューリング機械は正確に表された手順であれば何でもたどれる程に能力の高いものであるにもかかわらず，各命令の1ステップの操作が極めてシンプルなものでも良いということである．このことは，MIPSアーキテクチャの命令が，演算型，データ移動型，制御型という単純なもので良いという事実に反映している．また，詳しい説明は省略するが，原理的には，レジスタ群が膨大な数のレジスタからなるのであれば，3つのタイプのうち，データ移動型命令はなくてもよいことになる．すなわち，演算型命令と制御命令だけで正確に表された手順をプログラムとして表すことができる．

　一方，現実のコンピュータで具体的な問題を実際に解くことを目指す場合は，上に述べたこととは異なる観点からコンピュータを捉えることが必要となる．

　バークス（Burks），ゴールドスタイン（Goldstine），フォン・ノイマン（von Neumann）は，コンピュータの命令セットを定める上で重要となる視点を，1946年にすでに挙げている（文献[15]）．

(1) ハードウェアが単純なこと
(2) 効率よく動作すること
(3) プログラムが書きやすいこと

の3点である．上の3つの視点には互いに相反するものもあり，現実にはすべての視点を考慮した上で全体として適切と思われる命令セットを求めるということとなる．以下では，これらの視点をさらにまとめて，多様性と統一性という相反する視点に注目することとする．ここで，多様性とは，さまざまの命令のタイプを豊富に用意して，記述能力を高めたいという(3)の要求であり，一方，統一性とは，各命令やフォーマットをなるべく統一して，それをサポート

するハードウェアをシンプルにして，効率よく動作させるという，(1) と (2) の視点である．この書きやすさと効率のよさの間にはトレードオフがあり，命令セットとそのフォーマットの設定では，この相反する両方の視点をバランスよく考慮して適切なものが求められる．

MIPS の機械語の命令の構成について，統一性と多様性の観点から主なポイントをまとめてみると次のようになる．

統一性
(1) どの命令も 32 ビットに統一する．

命令セットによっては命令によってその長さが変わるものもあるが，MIPS では，32 ビットに長さを統一しているため，ハードウェアを簡単にできる．一方で，長さを統一しているために，命令の多様性を吸収する仕組みも必要となる．

(2) 3 種類の命令フォーマットが存在するが，異なるフォーマットの間にもなるべく共通した部分を残すようにしている．

R フォーマットと I フォーマットでは左半分のフィールドの構成を同じにしている．また，どの命令もはじめのフィールドは 6 ビットの op フィールドとしている．op フィールドを共通にしたために，制御信号を計算する回路を，マルチプレクサ制御と ALU 制御の 2 段階構成とし，制御の回路全体をシンプルなものにすることができる．

多様性
(3) 3 種類と数は限定しているが，命令フォーマットとして多様なフォーマットを備えている．

これは，さまざまな命令をなるべく統一したフォーマットで表す一つの妥協策である．フォーマットを複数備えて命令の多様性を吸収するようにするが，そのフォーマットの種類を 3 つに限定して，統一性も大幅には損なうことのないようにしている．

(4) オペランドの番地を表す方法として，相対アドレス方式や即値で表す方式などいろいろのものを備えている．

32 ビットの番地を，32 ビットの命令に組み込むことは元々無理なので，いろいろの工夫をしている．条件分岐命令の相対アドレス方式では，PC 相

対であるため，飛び先は現在実行中の命令からオフセット分離れている範囲に限定される．条件分岐命令の場合，オフセットの指定には 16 ビットしか使えない（オフセットはワードを単位として数えられるため，バイトアドレス換算で 18 ビット分）ので，飛び先がこの範囲を超える場合は，ジャンプ命令を使う必要がある．すなわち，16 ビットのオフセットを超えて条件分岐したい場合は，一旦オフセットで条件分岐し，そこからジャンプ命令で望みの場所に飛ぶようにすればよい．

(5) 結果の格納場所を表すフィールドとして，命令に応じて，rd フィールドだけでなく rt フィールドも使う．

　書き込みのレジスタ番号を表すのに演算型命令では rd フィールドを使い，ロード命令では rt フィールドを使う．これは，オフセットを表す 16 ビットの imm フィールドが必要なロード命令もその長さが 32 ビットに限定されているために起こったことである．その結果，レジスタ番号の出し元を切り換えるためのハードウェア（Mux1）が必要となる．

7 記憶階層

　記憶装置は，大容量で高速アクセスが可能というのが理想であるが，これらの条件を同時に満たす記憶装置は存在しない．実際の記憶装置では，容量とアクセス速度との間にトレードオフが存在するからである．しかし，特性の異なる記憶装置を組み合わせてうまく働かせると，大容量と高速アクセスという2条件を同時に満たすことができる．この章では，このような方式として，仮想記憶方式とキャッシュ方式を取り上げて説明する．仮想記憶が実現されると，ユーザはあたかも大容量のメモリが存在するものとしてプログラムを書くことができる．このように実際には存在していないものを存在しているようにみせるために働いているのは第8章で取り上げるオペレーティングシステムである．しかし，その働きはユーザから隠されているので，ユーザはOSの働きを意識することなく，大容量のメモリが存在するものとしてプログラムを書くことができる．

7.1 記憶階層

　コンピュータのメモリ（記憶装置）は，容量（蓄えられる語の個数）が大きく，しかも，高速でアクセスできるのが理想である．しかし，実際には容量とアクセス速度の間にはトレードオフが存在するので，単一の種類のメモリでこのような理想を実現するものは存在しない．そこで，いろいろの種類の記憶装置からなる階層を構成して，各階層のメモリをうまく使い分けて，大容量のメモリに高速でアクセスできるようにしている．このようなメモリの構成を記憶階層という．図7.1にキャッシュ，主メモリ，磁気ディスクからなる記憶階層を示している．これらのメモリについては次節で簡単に説明する．なお，コンピュータの基本構成を与える図6.1のレジスタ群も記憶装置ではあるが，図7.1では省略している．また，この図では，各メモリのアクセス速度と容量の大体の目安を与えてはいるが，これらの数値の値そのものに意味がある訳ではない．

7.1 記憶階層

```
アクセス速度              容量   ビット当たりの価格
  高速                    小容量    高価格
   ↑                       ↑        ↑
  1 nsec   キャッシュ 1 MB
  10 nsec   主メモリ  10³ MB
  10⁴ nsec  磁気ディスク 10⁵ MB
   ↓                       ↓        ↓
  低速                    大容量    低価格
```

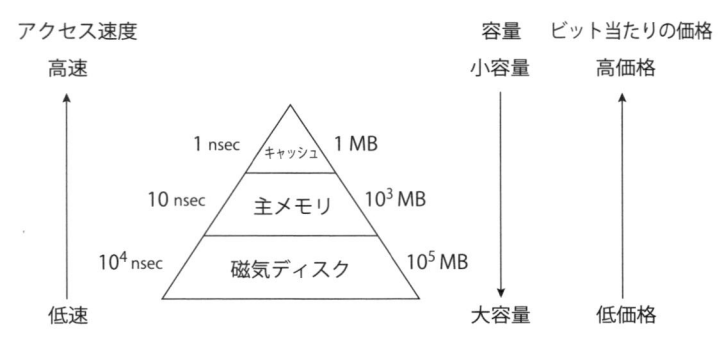

図 7.1 記憶階層

実際は，コンピュータの性能によってこれらの数値は大きく違ってくるので，この図では一つの典型的な数値を示しているに過ぎない．たとえば，2012年頃にはすでに数百テラバイト（$1TB = 10^3 GB$）の記憶容量の磁気ディスクが世の中に出回っている．メモリの種類によりこれらの値にどの程度の違いがあるかに注意してもらいたい．この記憶階層の上位のキャッシュが CPU に最も近く，下位の磁気ディスクが最も遠い．また，メモリの 1 ビット当たりの価格は，上位ほど高価である．そのため，磁気ディスク相当の容量のキャッシュをつくることは価格の面でも現実的ではない．

各階層のメモリをうまく使い分けるとはどういうことかについてイメージを持ってもらうために大学の本の保管を例にとって説明する．まず，本の保管場所として，自分の机の上，所属する学部の図書館，大学の図書館の 3 つを考え，これらをそれぞれキャッシュ，主メモリ，磁気ディスクに対応させる．本で調べながらの仕事を続ける上で，どのように本を管理するかを考えてみよう．たとえば，自分の机の上に平積みされた本の中から必要な本を探したが見つからなかった場合，学部の図書館まで行き，欲しい本を探して持ってくる．そして，代わりに最近あまり使っていない机の上の本を学部の図書館に返しておく．机の上のスペースには限りがあるからである．このように本を管理して仕事がうまく進むのは，ほとんどの場合机の上の本で間に合い，学部の図書館にはまれにしか行く必要がないからである．コンピュータの動きと対比して説明すると，欲しい本が机の上にはなかった場合は，必要な本を含む本をまとめて何冊か学部の図書館から借りてきて，同じ冊数の本で使いそうにない机の上の本を図書館に返すようにする．しばらくは，新しく借りた本だけで間に合うようにでき

れば，仕事がスムーズに進むことになる．このような本の入れ替えを学部の図書館と大学の図書館との間でも同様に行うとする．

　コンピュータのメモリの管理は，上に述べた本の管理と同様の考え方に基づいて行われる．メモリの管理では，本の管理の場合とは異なる点もあるので，メモリ管理で前提とすることをここで整理しておく．

(1) 下位のメモリの内容は上位のメモリの内容を含む．
(2) 記憶内容の入れ替えは隣り合う階層の間で，ブロック（一定量のまとまり）単位で行われる．

　(1) は，下位の記憶内容の一部を上位のメモリにコピーするので，常に上位は下位の一部という関係が成立するということである．この点は，本の場合と状況が異なる．本の場合は，本を移動すると元の場所にはその本は残らないからである．(2) は，記憶内容の入れ替えは隣接する階層間でのみ行われ，また，記憶領域を一定量のブロックにあらかじめ分割しておき，ブロックを単位として入れ替えるということである．

　主メモリと磁気ディスクの間の管理を行う**仮想記憶方式**を 7.4 節で説明し，キャッシュと主メモリの間の管理を行う**キャッシュ方式**を 7.5 節で説明する．いずれの方式も，おおよそ，記憶容量については下位の大容量を実現し，しかもアクセス速度については上位の高速動作を実現する．すなわち，大容量と高速アクセスの双方を実現する．そのためには，プログラムからのアクセス要求があった場合，まず，上位の記憶装置に求めるデータが存在するかを調べ，存在した場合それを返し，存在しなかった場合は下位の記憶装置を探す．もちろん，下位の記憶装置でのアクセスは格段の時間を要する．そのため，大容量高速アクセスを実現するためには，できるだけ求めるデータが上位の記憶装置に保持されているようにし，下位の記憶装置にアクセスする事態を極力避けることがポイントとなる．上位の記憶装置でアクセスが成功することをヒットと呼び，成功しない場合を，仮想記憶方式の場合はページフォルト（page fault）と呼び，キャッシュ方式の場合はキャッシュミスと呼ぶ．

7.2 キャッシュ，主メモリ，磁気ディスク

コンピュータの記憶の主要なテクノロジとしてSRAM（Static Random Access Memory），DRAM（Dynamic Random Access Memory），それに磁気ディスクがある．これらのテクノロジが，それぞれ記憶階層のキャッシュ，主メモリ，磁気ディスクを実現している．

SRAMもDRAMも，主メモリのようにアドレスを指定して読み出しや書き込みのできる記憶装置である．**SRAM**や**DRAM**に現れる**RAM**（Random Access Memory）は，任意のアドレスにアクセスできるメモリを意味する．ここで，ランダムという言葉は，"でたらめ"という意味ではなく，"無作為に"という意味で使われている．無作為に番地を指定とは，"どんな番地を指定しても"という意味となる．このように，ランダムアクセスメモリとは，どんな番地を指定しても読み出しや書き込みが可能なメモリである．RAMと対照的なものが**SAM**（Sequential Access Memory）で，磁気テープのように，一挙に望みのアドレスに飛ぶことができないため，ヘッドを順次動かしていって望みのアドレスにアクセスするメモリを意味する．半導体RAMは，SRAMとDRAMに大別される．

DRAM： DRAM（Dynamic Random Access Memory）では，1ビットの記憶のためのコンデンサ1個を充てる．DRAMは，このコンデンサと電荷を維持するためのトランジスタを組み合わせたものを格子状に並べ，読み出しや書き込みのための回路を付加して構成する．コンデンサに電荷が蓄えられた状態を値1に，蓄えられていない状態を値0に対応させる．コンデンサの電荷が自然放電するので，常時，記憶内容を読み出し，増幅して書き戻すという動作を一定の時間間隔で繰り返すリフレッシュの操作が必要となる．ダイナミック**RAM**という名称は，このような休むことのない動作に由来している．RAMは，使われるコンデンサが微細であるため，記憶装置としての集積度が高く，主メモリとして使われる．

SRAM： SRAM（Static Random Access Memory）では，1ビットの記憶に，4個のトランジスタからなるフリップフロップと読み出しや書き込みのための2個のトランジスタを充てる．SRAMは，これら6個のトランジスタを組み合わせたものを格子状に並べ，読み出しや書き込みのための回路を付加

して構成する．このように SRAM は DRAM に比べ，必要とするトランジスタの個数が多いため，1 ビットの記憶に要する面積が大きくなり，その結果集積度が低くなる．その一方で，DRAM で必要なリフレッシュが SRAM では不必要となり，アクセス速度は速い．そのため，SRAM はキャッシュとして使われる．SRAM では，電源を切らない限り記憶内容が保持されるので，リフレッシュの必要はない．このことよりスタティック **RAM** という名称がつけられている．

磁気ディスク： 磁気ディスクは，アルミなどの円盤に磁性体を塗布したものを高速で回転させ，円盤上の指定した場所を磁化することにより書き込みや読み出しを行う装置である．電磁石を内蔵するヘッドをアームの先端に取り付け，書き込みや読み出しを行う．この記憶装置は，ハードディスクドライブ（HDD，Hard Disk Drive）と呼ばれることもあるが，この名称は，円盤の固い記憶媒体をフロッピーディスクなどの柔らかい記憶媒体と区別して使われることもある．

図 7.2 に磁気ディスクの構造を示す．この図が示すとおり，同じ中心を持つ同じ直径の円盤が複数積み重ねられている．それぞれの円盤に先にヘッドのついたアームがあり，これらのアームは一体となって円盤上を直線的に移動する．図 7.3 に示すように，各円盤の記録面は同心円で区切られトラック（track，陸上競技場のトラックと同じ意味の用語）に分割される．さらに，トラックは扇形に区切られ，**セクタ**に分割される．デスクの読み書きはセクタを単位として行なわれ，各セクタ（図 7.3 の斜線部分）は円盤の番号 i，トラックの番号 j（各円盤の同じトラック番号のトラックを集めたものをシリンダと呼ぶので，シリンダ番号とも呼ぶ），扇形の番号 k の組により指定される．円盤は高速で回転している．ディスクに読み書きするためには，まず，アームをアクセスするト

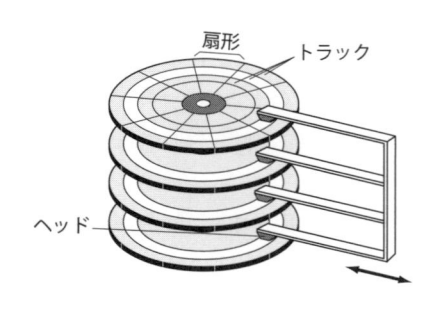

図 **7.2** 磁気ディスク

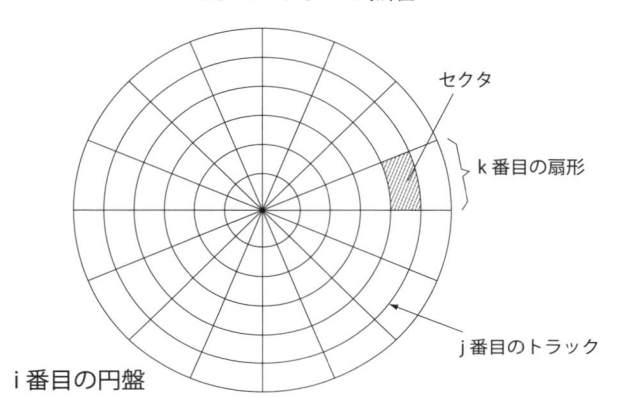

図 7.3 ディスク上のデータの配置

ラックの場所まで移動した後，円盤の回転でアクセスするセクタがヘッドの下に来たら読み書きを開始すればよい．このような動きのため磁気ディスクのアクセス速度は遅い．しかし，磁気ディスクの容量は大きく，最近のテクノロジで数テラバイト（TB）のものも開発されている．一方，磁気ディスクは機械的な駆動部分も多いため，衝撃に弱いという弱点もある．実際，ディスクは高速で回転しており，ヘッドはディスク表面との間の極めて狭いすき間の空気の流れだけで浮いている構造となっている．

7.3　プログラムの局所性

　前節の本の管理の例で，自分の机の上に借りてくるのは，学部の図書館の一部に過ぎない．そのため必要とする本がいつも机の上にはないということになると，毎回本の包みを抱えて図書館と往復することとなり，机の上に本を積んでおくことの意味がなくなる．この方式は，図書館から借りてきた本でしばらくは仕事が続けられて初めて意味のあるものとなる．この事情はメモリの管理についてもまったく同じである．この節では，主メモリと磁気ディスクを組み合わせて使う仮想記憶方式を取り上げる．そして，上に述べたような不都合が起こらず，この方式が効果を発揮するのは，プログラムが持つ**局所性**という一般的な性質によることを説明する．

　このことを説明するために，まず，仮想記憶方式について説明する．ただし，

仮想記憶方式の説明はこの節では簡単なものにとどめ，欲しい情報が置かれている場所へのアクセスを初めとする詳しい説明は次節にまわす．まず，プログラムとデータの全体が磁気ディスクに蓄えられ，その一部が主メモリに蓄えられているとする．また，仮想記憶方式では，主メモリと磁気ディスクの間で記憶内容の入れ替えが起こるが，入れ替えはページと呼ばれる単位で行われる．すなわち，磁気ディスクの記憶内容全体をあらかじめ等容量に分割しておき，この分割でできるブロックのことをページと呼び，ページを最小単位として入れ替えを行う．

CPUは主メモリを参照しながら計算を進めるのであるが，CPUにはプログラムとデータの一部しか蓄えられていないので，一般に，参照しようとした箇所が主メモリに存在しない，ページフォルトと呼ばれる事態がいずれは起こる．参照の要求がきてページフォルトが起ると，その要求の箇所を含むページをまとめて磁気ディスクから主メモリにコピーする．その場合，主メモリが磁気ディスクからのページで埋まっているとすると，コピーするスペースをつくるために，主メモリの中の当面使われないと思われるページを磁気ディスクに書き戻す．このようにメモリを管理するのが，**仮想記憶方式**である．これまで説明してきたように，主メモリに格納するページを要求に基づいて決める方式のことを，デマンドページング（on demand paging）と呼ぶ．ところで，スペースをつくるために主メモリから磁気ディスクに戻すページをどのような基準で決めればよいのであろうか．いくつかあるが，ここではLRU（Least Recently Used）と呼ばれる基準を挙げておく．**LRU**では，現時点までアクセスされずに経過した時間が最も長かったページを磁気ディスクに戻す．

仮想記憶方式が有効なメモリ管理方式として働くのは，一般に，プログラムには次の2つのタイプの局所性が存在するからである．

空間局所性： 最近アクセスされたプログラム上の場所に近い場所が，引き続きアクセスされる．

時間局所性： 最近アクセスされたプログラム上の場所が，近い将来再度アクセスされる．

実際，プログラムの命令や配列の要素は順次アクセスされていくし，また，ループ構造やサブルーチンではプログラムの一部が繰り返し実行される．これらのことより，プログラムには局所性があることがわかる．

仮想記憶方式の基本は次の2つにまとめることができる．

7.3 プログラムの局所性

(1) デマンドページングにより，ページを単位として磁気ディスクより主メモリに書き込まれる．

(2) 主メモリのスペースが足りなくなると，アクセスされずに経過した時間が最も長いページが主メモリから磁気ディスクに書き戻される．

仮想記憶方式はこれらの基本に基づいて動作するため，主メモリに存在するページにアクセスされる可能性が大きくなる．次に述べるように，特に，動作の基本の (1) と (2) はそれぞれ空間局所性と時間局所性に関係する．

(1) 主メモリのページのある箇所がアクセスされると，空間局所性により，引き続いてアクセスされる箇所はそのページ内に存在する可能性が高い．

(2) アクセスされずに経過した時間が長いページが主メモリから追い出されるということは，アクセスされずに経過した時間が短いページが主メモリに残ることとなるので，時間局所性により，引き続いてアクセスされるページは主メモリに存在する可能性が高い．

ここで，仮想記憶方式についてイメージをもってもらうために，主メモリのページの入れ替えを表す図 7.4 の具体例について説明する．

この図は，縦軸にページ番号を横軸に時間をとった上で，プログラムに各時刻に参照されるページの番号をプロットしたもので，極端に単純化した例である．ディスクには 0 番から 29 番までのページが蓄えられ，主メモリには 10 ページ分が蓄えられるとしている．また，ページ a が主メモリから追い出され，代わりにページ b が書き込まれたときは，ページ a からページ b へ向けたラインを引いている．図に示すように，ページ番号 0 から 9 までの集合を W_1，ページ番号 10 から 19 までの集合を W_2 とする．同様に，図に示すように T_1, T_2, T_3 の時間間隔を定める．

ところで，ある一定の期間の間にプログラムから参照されるページからなる集合をワーキングセットと呼ぶ．図 7.4 から明らかなように，期間 T_1, T_2, T_3 のワーキングセットはそれぞれ W_1, W_2, W_1 となる．明らかに，主メモリに蓄えられているページの集合は，常にワーキングセットと一致しているのが望ましい．というのは，一致していれば磁気ディスクにアクセスする必要がなくなるからである．しかし，ワーキングセットが何になるのかをあらかじめ予測

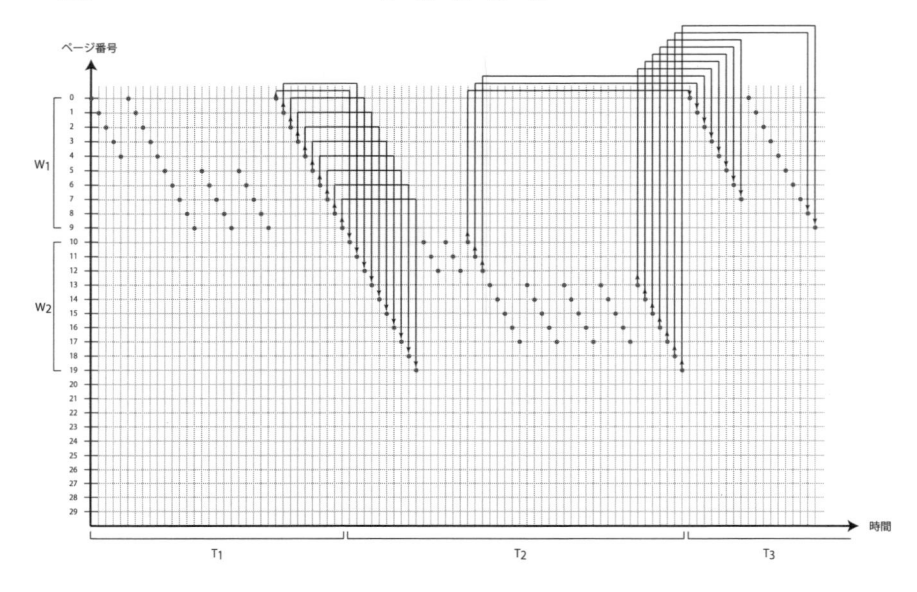

図 7.4　デマンドページングによる主メモリのページの入れ替え

することはできない．これまで説明してきたように，そこで登場するのが，デマンドページングという考え方と LRU (Least Recently Used) という，追い出すページの選定基準である．

　デマンドページングによる主メモリのページの置き換えの様子を少し詳しくみていくことにする．期間 T_1 には主メモリに W_1 が蓄えられているとする．期間 T_1 では，プログラムが参照する番地はすべて主メモリのページに含まれているので，ディスクにアクセスする必要はない．しかし，期間 T_2 に入った瞬間に，プログラムは 10 番のページへのアクセスを要求し，ページフォルトが起こる．10 番のページがその時点での主メモリのワーキングセット W_1 に存在しないからである．このページフォルトが起こると，主メモリの 1 ページ分を追い出し，そこに 10 番のページを磁気ディスクから書き込む．追い出すページとしては，0 番から 9 番のページの中でアクセスされずに最も長い時間が経過している 0 番のページを選ぶ．これが，**LRU** 基準による選定である．この図では，この入れ替えを 0 番のプロットから 10 番のプロットへ向かうラインで示している．

　ところで，期間 T_1 の間に 0 番のページの内容が変更されている場合は，こ

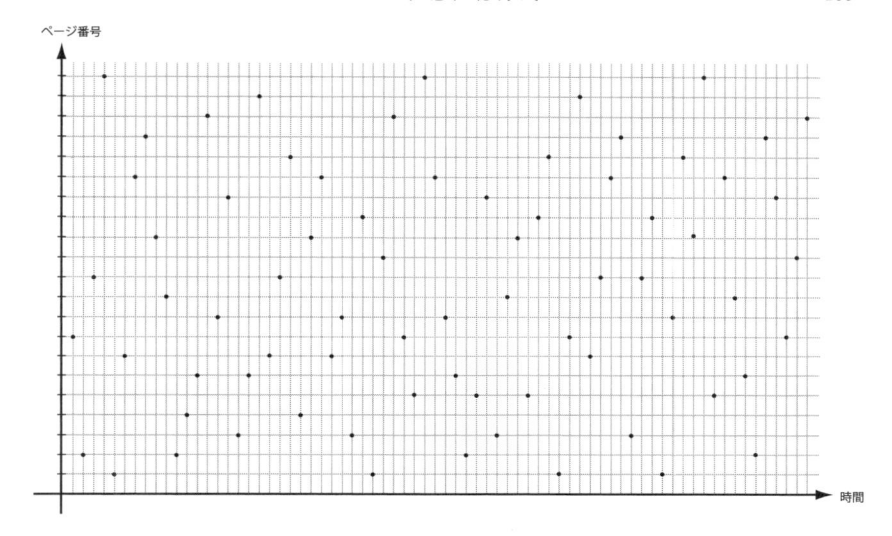

図 7.5　局所性をもたない場合のページのアクセス

のページを磁気ディスクに書き込んでおく必要がある．変更がなかった場合は，書き込む必要はない．元々すべてのページが磁気ディスクに蓄えられているからである．以下，同様に 11 番から 19 番のページが主メモリに書き込まれる．このようにして，10 単位時間をかけて，主メモリのページが W_1 から W_2 に変わる．同様にして，さらに W_2 から再び W_1 に変わる．

　これまで仮想記憶方式のイメージをつかんでもらうために，極端に単純化したページアクセスが行われる場合を取り上げ，説明した．記憶容量としては，磁気ディスクは 30 ページ分で，主メモリは 10 ページ分とした．もちろん，これは説明の都合上，極端に容量を少なくしている．一方，図 7.5 には，プログラムの局所性がまったくない極端なケースを与えている．この図の場合，上に述べた記憶容量のもとでは，主メモリに格納するページセットをどのように選んでもページフォルトが常時生じることは避けられない．このように仮想記憶方式が有効となるのは，プログラムの局所性という前提があるからである．

7.4　仮想記憶方式

　仮想記憶方式は，主メモリの容量を超える大規模なプログラムでも，記憶容

量の制限を意識することなく，プログラムを作成することを可能とする技術である．実行するプログラムはデータを含めてすべて磁気ディスクに蓄えられるが，この磁気ディスクに蓄えられたプログラムを基にして考えると理解しやすい．すなわち，基となるプログラムは磁気ディスクに置いて，当面の計算に必要な部分は常に主メモリに存在するように，ページを単位として磁気ディスクと主メモリの間で記憶内容の入れ替えを行うという考え方である．

ところで，仮想記憶方式の説明をするとき，イルージョン（illusion）という言葉が使われる．実際には存在しないメモリが存在しているかのように，プログラムに錯覚させるからである．このような仮想記憶方式では，主メモリを物理メモリ（または，実メモリ），そのアドレスを物理アドレス（または，実アドレス）と呼び，磁気ディスクを仮想メモリ，そのアドレスを仮想アドレスと呼ぶ．

仮想記憶方式では，仮想メモリの仮想アドレスの一部を物理アドレスに対応づけることが基本である．これからこの対応づけの方法を具体的な例を挙げて説明するために，いろいろのサイズを定めておくことにする．記憶容量は，磁気ディスクが 2^{32} ワードからなり，主メモリは 2^{13} ワードからなるとする．また，ページは 2^{10} ワードからなるとする．したがって，磁気ディスクのページの数は $2^{22}(=2^{32}/2^{10})$ で，主メモリのページ数は $8(=2^{13}/2^{10})$ である．このように仮想アドレスや物理アドレスは2進系列として表されるため，アドレスの個数，したがって対応する記憶容量は，すべて2の冪(べき)の数，すなわち，適当な自然数 m をとると 2^m となる数で表される．説明の都合上，これらの値は実際の場合より小さくとってある．実際，主メモリのアドレスは，本書を通して32ビットで表すことにしているが，仮想記憶方式の説明のときに限り13ビットで表すとしている．なお，ページ当たりのバイト数は実際は通常数キロから数メガに及ぶ．

これまで述べたいろいろのサイズを仮定した上で，図 7.6 に磁気ディスクのページと主メモリのページの対応の例を与えている．この図では，磁気ディスクの初めの16ページ分が表されており，主メモリについては8ページ分がすべて表されている．この図のように，仮想ページや物理ページには通し番号がつけられている．また，磁気ディスクの m 番目のワードの内容を $D(m)$ と表している．図 7.7 は，図 7.6 の例について各仮想ページ番号に対応する物理ページ番号を示す表を表している．この表はページテーブルと呼ばれ，仮想アドレ

7.4 仮想記憶方式

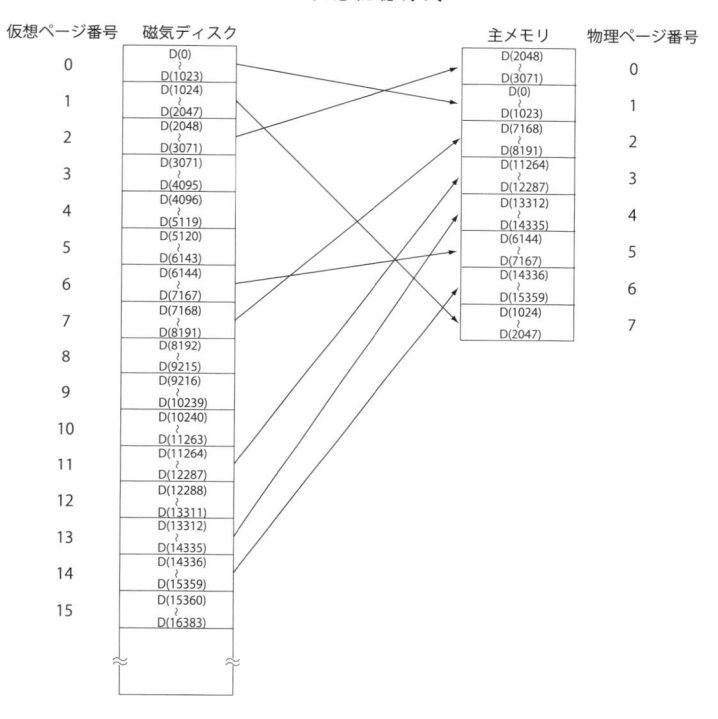

図 7.6 磁気ディスクのページと主メモリのページの対応の例

スから対応する物理アドレスを計算する際に用いられる．ページテーブルの有効ビットは，その仮想ページ番号のページが主メモリにあるかないかを，それぞれ 1 と 0 で表すものである．

仮想アドレスから対応する物理アドレスの計算

図 7.8 に，仮想アドレスから対応する物理アドレスへのアドレス変換がどのように実行されるかを表している．このアドレス変換の前提となるのが，図 7.9 に示す仮想アドレスや物理アドレスの構成である．この図に示すとおり，仮想アドレスと物理アドレスいずれの場合も，左部分のページ番号と右部分のページ内オフセットから構成されている．1 ページは 2^{10} ワードから構成されるので，ページ内オフセットの部分はいずれも 10 ビットからなる．同様の理由で，仮想ページ番号と物理ページ番号の部分は，それぞれ 22 ビットと 3 ビットから構成される．

仮想ページ番号	有効ビット	物理ページ番号
0	1	1
1	1	7
2	1	0
3	0	0
4	0	0
5	0	0
6	1	5
7	1	2
8	0	0
9	0	0
10	0	0
11	1	3
12	0	0
13	1	4
14	1	6
15	0	0
⋮	⋮	⋮

図 **7.7** 図 7.6 の例に対応するページテーブル

図 7.8 のアドレス変換を具体的な例についてたどってみる．この図では仮想アドレス

$$\underbrace{0000000000000000000111}_{22}\underbrace{0000000010}_{10}$$

が，物理アドレス

$$\underbrace{010}_{3}\underbrace{0000000010}_{10}$$

に変換される様子を示している．10 進数で表すと，仮想アドレス 7170($=2^{12}+2^{11}+2^{10}+2^{1}$) から物理アドレス 2050($=2^{11}+2^{1}$) への変換である．図中の "分離" で，仮想アドレスを仮想ページ番号部とオフセット部へ分離する．図 7.6 や図 7.7 によると仮想ページ番号 7 は物理ページ番号 2 に対応する．この対応づけを行うのが，"仮想ページ番号から対応する物理ページ番号の計算" のボックスである．最後に "連結" で，得られた物理ページ番号部 010 とオフセット部 0000000010 をつなぎ，物理アドレス 0100000000010 を得る．この変換では，オフセット部は変更されない．このように仮想ページと物理ページの間には，ページ全体として順序の入れ替えはあるが，個々のページ内の順序は保存され，変更されることはない．

7.4 仮想記憶方式

```
         22ビット              10ビット
  ┌──────────────────────┐┌──────────┐
  0000000000000000000111 0000000010
```

┌─ メモリマネッジメントユニット ─────────────────┐
│   │
│   ┌──────┐   │
│   │ 分離 │   │
│   └──────┘   │
│   │
│   00…0111(=7)   │
│ ┌────────────────┐   │
│ │ 仮想ページ番号から │   0000000010   │
│ │ 対応する物理ページ番号│   │
│ │ を計算   │   │
│ └────────────────┘   │
│   010(=2)   │
│   │
│   ┌──────┐   │
│   │ 連接 │   │
│   └──────┘   │
└──┘

```
   3ビット  10ビット
  ┌───┐┌──────────┐
   010  0000000010
```

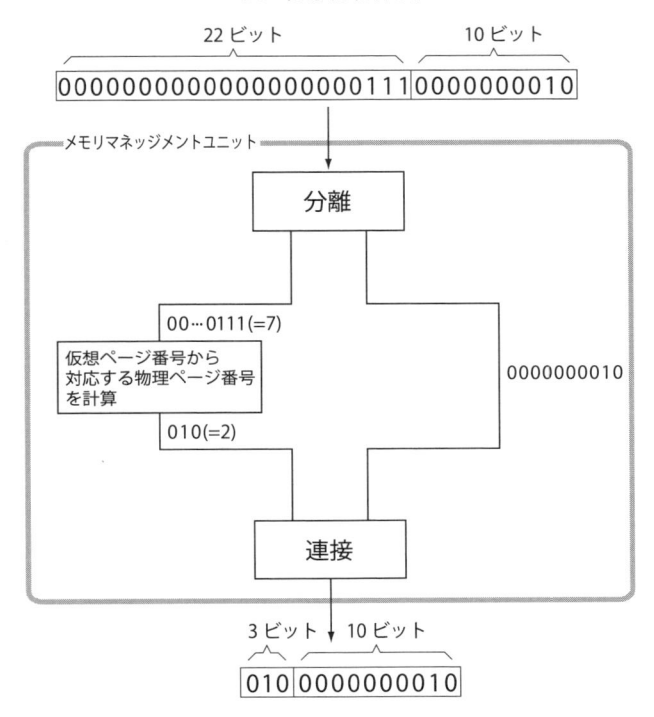

図 7.8 仮想アドレスから対応する物理アドレスへの変換

```
          22                    10
  ┌──────────────────┐┌──────────────────┐
  │   仮想ページ番号   ││   ページ内オフセット │
  └──────────────────┘└──────────────────┘
```
(a) 仮想アドレスの構成

```
       3            10
  ┌─────┐┌──────────────────┐
  │物理ページ││   ページ内オフセット │
  │ 番号 ││                  │
  └─────┘└──────────────────┘
```
(b) 物理アドレスの構成

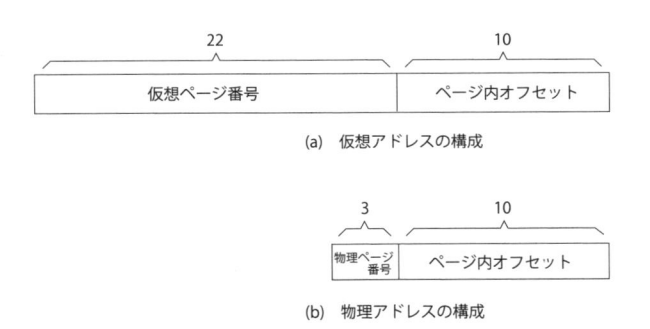

図 7.9 仮想アドレスと物理アドレスの構成

　図 7.8 の仮想ページ番号から対応する物理ページ番号を求める計算では，検索の高速化を図るために **TLB**（Translation Look-aside Buffer）という記憶装置を利用する．TLB の方式では，最近参照された仮想アドレスと物理アドレ

スのペアを個数を限定してキャッシュに書き込んでおいて，変換の要求があったとき，キャッシュ内のペアをまずみて，探している仮想ページ番号がなかった場合初めてページテーブルで探す．このように TLB は，ページテーブル内のよく参照される仮想アドレスと物理アドレスだけが書き込まれているようにした記憶装置である．ページテーブルは主メモリに蓄えられるのに対し，TLB にはキャッシュが使われるので，TLB の方式では高速で読み出しが実行できることとなる．この方式は，ページテーブルを探すという，本来の探し方ではないものをまず試みるといことから，脇見（look aside）をするという意味の名称で呼ばれている．書き込まれるペアの個数は限定されるので，長い間参照されずに蓄えられているペアはいずれは追い出す必要がある．したがって，先に述べた LRU などと同様，TLB においても追い出すペアを決めるための基準も

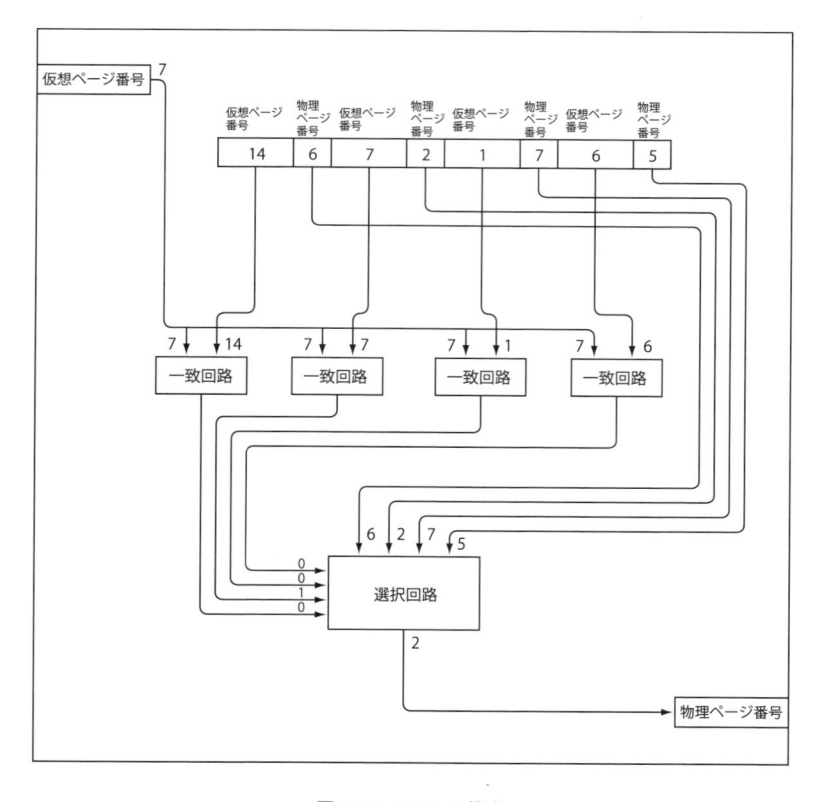

図 **7.10** TLB の構成

必要となる．

　図7.10はTLBの構成を示している．この図の働きを説明するために，最近参照された仮想ページ番号と物理ページ番号のペアとして(14,6)，(7,2)，(1,7)，(6,5)の4つのペアが記憶されているとする．図7.10では，仮想ページ番号7が入力されたとき，記憶されている4つのペアの仮想ページ番号との一致がチェックされ，その結果に基づいて対応する物理ページ番号2が出力される様子が示されている．ここで，選択回路に左から入る4本のワイヤの中で下から2番目のワイヤが1となるので，上から入る4本のワイヤの左から2番目のワイヤの2が選択され，出力される．ただし，回路のワイヤに現れる値は10進数で表している．

　TLBは最近参照した限られた数のものだけを記憶しておくが，プログラムの局所性より，ヒットする（すなわち，求めるものがTLBに記憶されている）可能性が高い．なお，実際のコンピュータでは，TLBに蓄えられるページ番号のペアの個数は2^5から2^{12}程度である．

　ところで，記憶内容を読み出すのに2つの方法がある．一つは，求めるものが蓄えられている場所（番地）を指定して取り出す方法と，もう一つは，求めるものと関連する内容を手掛かりに取り出す方法である．後者を**連想記憶**という．人間の場合は，記憶の読み出しは連想による．たとえば渓流と言われると，イワナやヤマメを思い出す．TLBは，仮想ページ番号から物理ページ番号を取り出す連想記憶の例である．

7.5　キャッシュ方式

　キャッシュ方式は，仮想記憶方式と同様に，主メモリの大きな記憶容量とキャッシュ並みの高速なアクセスを同時に実現する方式である．このように目指す方向が違っていたために，両方式の基本的なアイディアは共通しているところが多いが，一方で具体的な実現方法においては異なる点も多い．

　ところで，コンピュータの開発の歴史の中で，CPUは高速化を目指して，また，主メモリは大容量化を目指して開発されてきた．そのためCPUと主メモリの間の動作速度の違いが大きくなるばかりであった．その結果，コンピュータ全体としての動作速度は主メモリの動作速度で抑えられてしまうこととなった．そのため，CPUの動作速度に見合った主メモリの実現が求められた．一

方，記憶装置の動作速度と記憶容量との間にはトレードオフの関係がある．そこで，高速で動作する小容量のキャッシュと呼ばれる記憶装置を導入して，これと大容量ではあるが動作速度は遅い主メモリを組み合わせて，主メモリの大容量は保持したままで，キャッシュ並みの高速動作を実現する方式が考案された．これがキャッシュ方式と呼ばれるものである．

仮想記憶方式では，主メモリと磁気ディスクとの間でページと呼ばれるひとまとまりを単位として記憶内容の入れ替えを行ったのに対し，キャッシュ方式では，キャッシュと主メモリとの間でブロックと呼ばれるひとまとまりを単位として入れ替えを行う．また，ブロックはラインと呼ばれることもある．仮想記憶方式の場合と同様，キャッシュ方式の場合も記憶容量を具体的に定めた上で説明する．まず，主メモリの容量は 2^{32} ワードとし，キャッシュの容量は 2^{14} ワードとする．ブロックは連続する 16 ワードからなるとする．すると，主メモリは $2^{28}(=2^{32}/2^4)$ ブロックからなり，キャッシュは $2^{10}(=2^{14}/2^4)$ ブロックからなる．このように設定した上で，キャッシュ方式について説明する．

キャッシュの3方式——ダイレクトマップ方式，セットアソシアティブ方式，フルアソシアティブ方式——

キャッシュ方式には，ダイレクトマップ方式（direct-mapped cache），セットアソシアティブ方式（set-associative cache），フルアソシアティブ方式（fully associative cache）の3つの方式がある．これらの方式について説明に入る前にブロックフレームについて説明しておく．キャッシュと主メモリの間では 16 ワードからなるブロックを単位として記憶内容の入れ替えが行われることを思い出して，キャッシュをブロックが入れられる箱が並んだものと捉えることにする．この箱のことをブロックフレームと呼ぶ．主メモリの各ブロックには格納先として関連づけられるブロックフレームが決められており，この関連づけの違いに注目してキャッシュの3方式が説明される．

まず，3つの方式について，この関連づけの具体例を挙げて説明することにする．主メモリのブロックに 0 から $2^{28}-1$ までのブロック番号をつけることとし，これらのブロック番号から選ばれた高々1024個のブロックが，キャッシュのブロックフレームに格納される．図 7.11, 7.12, 7.13 は，それぞれダイレクトマップ方式，フルアソシアティブ方式，セットアソシアティブ方式の場合について，各ブロックとその格納先のブロックフレームとの関連を説明するもので

7.5 キャッシュ方式

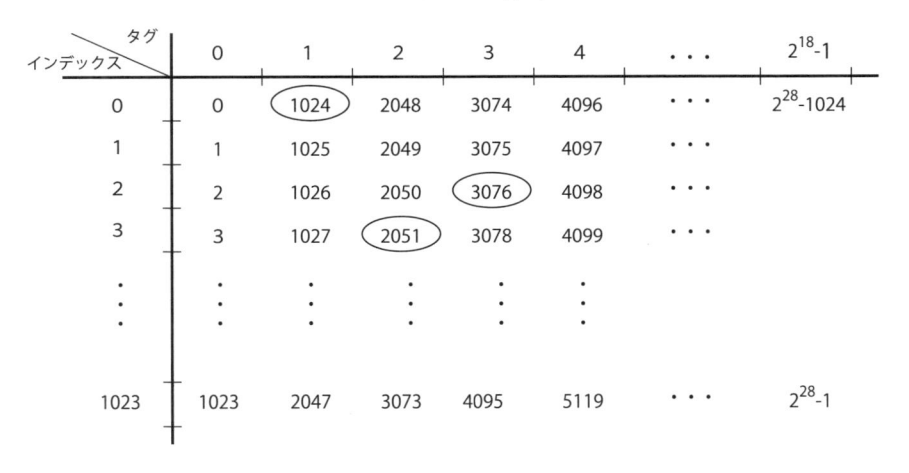

インデックス＼タグ	0	1	2	3	4	...	$2^{18}-1$
0	0	(1024)	2048	3074	4096	...	$2^{28}-1024$
1	1	1025	2049	3075	4097	...	
2	2	1026	2050	(3076)	4098	...	
3	3	1027	(2051)	3078	4099	...	
:	:	:	:	:	:		
1023	1023	2047	3073	4095	5119	...	$2^{28}-1$

図 **7.11** ダイレクトマップ方式の説明のためのブロックの配置．ただし，楕円の囲みはそのブロックがキャッシュに蓄えられていることを示す．

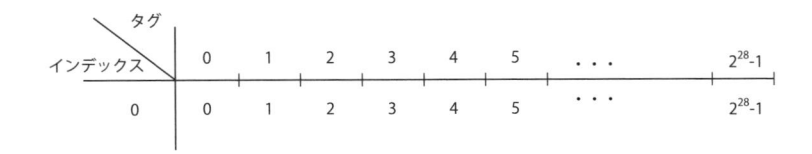

インデックス＼タグ	0	1	2	3	4	5	...	$2^{28}-1$
0	0	1	2	3	4	5	...	$2^{28}-1$

図 **7.12** フルアソシアティブ方式の説明のためのブロックの配置

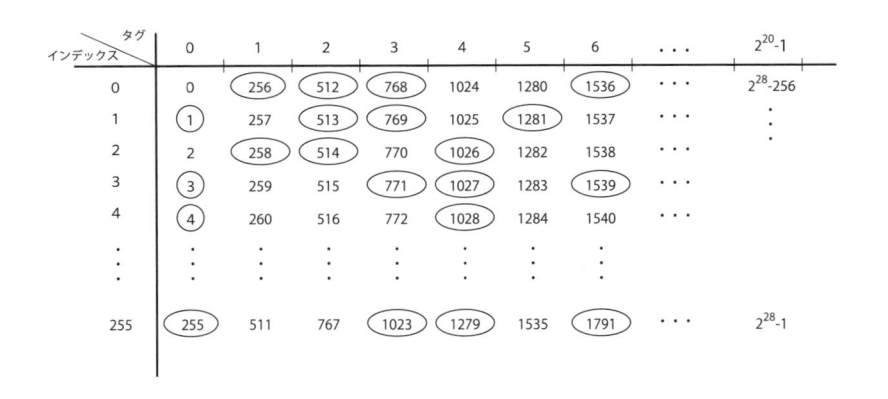

インデックス＼タグ	0	1	2	3	4	5	6	...	$2^{20}-1$
0	0	(256)	(512)	(768)	1024	1280	(1536)	...	$2^{28}-256$
1	(1)	257	(513)	(769)	1025	(1281)	1537	...	:
2	2	(258)	(514)	770	(1026)	1282	1538	...	
3	(3)	259	515	(771)	(1027)	1283	(1539)	...	
4	(4)	260	516	772	(1028)	1284	1540	...	
:	:	:	:	:	:	:	:		
255	(255)	511	767	(1023)	(1279)	1535	(1791)	...	$2^{28}-1$

図 **7.13** セットアソシアティブ方式の説明のためのブロックの配置．ただし，楕円の囲みはそのブロックがキャッシュに蓄えられていることを示す．

ある．これらの図のインデックスやタグについては後で説明することとし，ここではブロック番号の配置だけに注目してほしい．

まず，ダイレクトマップ方式の図 7.11 の場合は，1024 個のブロックフレームは各行に 1 個ずつ割り当てられ，各行のブロック番号のブロックはその行のブロックフレームに格納される．たとえば，インデックス 2 の 3 行目のブロックフレームには，2, 1026, 2050, ... の番号のブロックの内の高々 1 つが格納されるが，他の行のブロックが格納されることはない．この図で楕円の囲みはそのブロックが行のブロックフレームに格納されていることを表している．インデックス 1 の行のように，どのブロックもその行のブロックフレームに格納されていない場合もあり得る．このように，ダイレクトマップ方式の場合は，各ブロックの格納先は唯一に定まる．各ブロックはその唯一に定まるブロックフレームに写像されることより，"direct-mapped" という名称がつけられている．一方，これと正反対の場合が，図 7.12 のフルアソシアティブ方式の場合である．この場合は，1024 のブロックフレームはすべてこの図の 1 行に割り当てられ，2^{28} 個のどのブロックも 2^{10} 個のどのブロックフレームにも格納可能である．この方式では，各ブロックに対して格納先のブロックフレームが目いっぱい関連づけられているので，"fully associative" という名称がつけられている．これら 2 つの方式は，ブロックフレームの関連づけが両極端の場合であるが，その中間のケースが図 7.13 のセットアソシアティブ方式である．この場合は，各行に 4 つずつのブロックフレームが割り当てられている．各行に割り当てられた 4 つのブロックフレームを集めたものをセットと呼ぶ．各行のどのブロックもその行に割り当てられた 4 つのブロックフレームのどれにでも格納可能である．図 7.13 に示すように各行から選ばれる（楕円で囲まれた）ブロックは高々 4 個である．この図では表示の都合上，選ばれるブロックはタグの番号が 6 までのものに限定しているが，一般にこのように制約される訳ではない．ここで一つ注意しておきたいことは，キャッシュのセットには必ずしも図 7.13 の順番で各ブロックが格納される訳ではないということである．この順番は LRU などの基準で入れ替えられた結果決まるので，一般に選ばれた 4 個のブロックの並び順は 24(= 4!) 通りのいずれもがあり得る．実際，図 7.15 では，図 7.13 の場合について，キャッシュ内のブロックの配置の一つの例を与えている．このように，この方式では各ブロックは 4 つのブロックフレームからなるセットに関連づけられるので，"set-associative" という名称がつけられている．

キャッシュ3方式におけるアドレスの構成

これまで説明してきたように，主メモリのワードは16ワードがまとめられてブロックをつくり，そのブロックを番号順に並べて行列のように配置した．行列の行はインデックスでラベルづけされ，列はタグでラベルづけされた．この小節では，ワードのアドレスから，ブロック番号，インデックス，ラベルはすべて一意に定まるようになっていること，また，前の小節で説明したキャッシュの構成は，高速アクセスの実現を目指したものであることを説明する．

図7.14にキャッシュ3方式におけるアドレスの構成を示すが，ここではセットアソシアティブ方式の場合について説明する．ダイレクトマップ方式やフルアソシアティブ方式は，セットアソシアティブ方式の特別の場合とみなすことができるからである．この図の(b)に示すように，アドレスの上位20桁をタグ，次の8桁をインデックス，残りの4桁をブロック内オフセットとする．また，上位28桁はブロック番号を表す．ただし，タグ，インデックス，ブロック番号は適宜10進数でも表すこととする．このように指定するので，個々のブロックはインデックスとタグの対で定まるのは明らかである．このことは，図

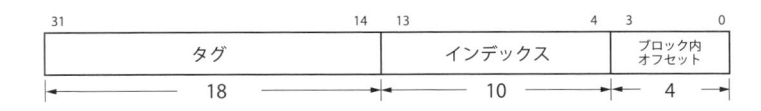

(a) ダイレクトマップ方式の場合 (タグ18, インデックス10, ブロック内オフセット4)

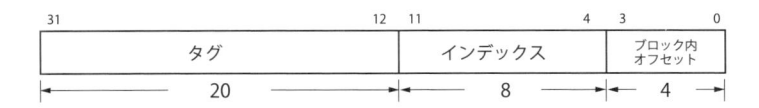

(b) セットアソシアティブ方式の場合 (タグ20, インデックス8, ブロック内オフセット4)

(c) フルアソシアティブ方式の場合 (タグ28, ブロック内オフセット4)

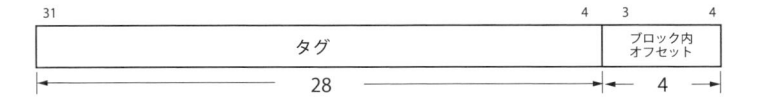

図 **7.14** キャッシュ3方式におけるアドレスの構成

7.13 でも確かめられる．たとえば，インデックス 3 とタグ 2 の対は，515 番のブロックを指定する．2 進数で表すとタグ 2 を表す 20 桁は

00000000000000000010

で，インデックス 3 を表す 8 桁は

00000011

で，これらをつなぎ合わせた

0000000000000000001000000011

はブロック番号 $515(= 2^9 + 2 + 1)$ を表す．このようにブロック番号を表す 28 桁の下位の 8 桁がちょうどインデックスに対応するので，ブロック番号を $256(= 2^8)$ で割った余りとしてインデックスが求められる．このことは，図 7.13 からも明らかである．

　図 7.15 は，図 7.13 の配置に対応するキャッシュの内容を表したものである．この図の $C(m)$ はブロック番号が m のブロックの内容を表す．この $C(m)$ は，ブロック番号 m のブロック内の 16 ワード分の 2 進列であるから，$512(= 32 \times 16)$ ビットで表わされる．図 7.15 の各行のブロックの集まりがセットを構成する．各行には，各ブロックの内容の前に，それぞれ 1 ビットの V と D，およびタグが割り当てられている．次の小節で説明するが，タグはブロックに割り当てられた名札であり，V は有効ビット（valid bit）と呼ばれ，D は変更ビット（ダー

インデックス	V	D	タグ	ブロック	V	D	タグ	ブロック	V	D	タグ	ブロック	V	D	タグ	ブロック
0	1		3	C(768)	1		2	C(512)	1		1	C(256)	1		6	C(1536)
1	1		2	C(513)	1		5	C(1281)	1		0	C(0)	1		3	C(769)
2	1		1	C(258)	1		4	C(1026)	0				1		2	C(514)
3	1		3	C(771)	1		6	C(1539)	1		4	C(1027)	1		0	C(3)
4	0				1		0	C(4)	0				1		4	C(1028)
⋮			⋮				⋮				⋮				⋮	
255	1		6	C(1791)	1		3	C(1023)	1		0	C(255)	1		4	C(1279)

図 **7.15**　図 7.13 の配置に対応するキャッシュの内容

ティビット（dirty bit）ともいう）と呼ばれる．ただし，この図では変更ビットの欄は空白にしている．有効ビットは，ブロックの内容が有効か無効かをそれぞれ"1"と"0"で表す．たとえば，処理の開始時はすべての有効ビットは"0"に設定される．一方，**変更ビット**は書き込みによりブロックの内容が変更されたか，書き込みが起こらず変更がないかを，それぞれ"1"と"0"で表す．変更があった場合はいずれも主メモリの対応するブロックも変更しなければならない．この変更ビットがどのように使われるかについては次の小節で説明する．

　キャッシュはもともと記憶内容へのアクセスを高速化するために導入された．高速アクセスを実現するためには，求めるブロックへキャッシュ内で高速にアクセスできることと，キャッシュミスが起こる頻度を少なくするために，キャッシュ容量ぎりぎりまで主メモリのブロックをキャッシュに格納することがポイントとなる．すなわち，ポイントは次の2点である．

(1) キャッシュ内のアクセスを高速で実行する．
(2) キャッシュの使用効率を高める．すなわち，キャッシュの未使用のブロックフレームを少なくする．

キャッシュ内でのアクセスについては，次の小節で説明するが，タグに基づいてブロックにアクセスすることが要点となる．そのため，ポイント(1)の観点からは，優れた方からダイレクトマップ方式，セットアソシアティブ方式，フルアソシアティブ方式の順に3方式が並ぶ．なぜならば，指定されたブロックを求めてキャッシュを検索するのに，フルアソシアティブ方式の場合は2^{10}個のブロックフレームをすべてチェックする必要があるのに対して，セットアソシアティブ方式の場合は対象の行の4個のブロックフレームを，また，ダイレクトマップ方式の場合は1個のブロックフレームをチェックするだけでよいからである．一方，ポイント(2)の観点からは，逆に，フルアソシアティブ方式，セットアソシアティブ方式，ダイレクトマップ方式の順に並ぶ．この順番は，個々のブロックに対して格納が許されるブロックフレームの個数を比較すると明らかである．すなわち，許される個数は，フルアソシアティブ方式の場合は2^{10}（したがって，ブロックフレームに空きがある限り格納される），セットアソシアティブ方式の場合は4，ダイレクトマップ方式の場合は1である．

　最後に，セットアソシアティブ方式におけるブロック番号とセットとの関連

づけについて触れておく.図 7.13 に示すように,一つのセットに関連づけられるのは,ブロック番号の並びの中の 256 置きのブロックである.このように一つのセットにとびとびのブロック番号を関連づけるのは,プログラムの空間局所性により各セットに格納されるブロックの個数に偏りが生じ,その結果として未使用のブロックフレームが増えることを避けるためである.このようにとびとびに格納することは,言わば局所性を消してしまうもので,上に述べたポイント (2) の観点からも有効である.

セットアソシアティブ方式のキャッシュの構成

セットアソシアティブ方式の場合について,インデックスとタグを入力すると,対応するブロックの内容を出力する回路を図 7.16 に示し,その働きについて説明する.図 7.16 では,キャッシュには図 7.13 の丸印のブロックが格納されていると仮定し,インデックス 3 とタグ 4 が入力された場合を示している.ブロックのポートからは 1027 番のブロックの内容 w_4 が出力される.ここで,ポート (port) とは,一般に,コンピュータやデバイスと外部とのデータの送受のための出入口に相当するものである.この例では,たとえば,図 7.16 の右下の長方形(ブロック)で表されている.また,対応するブロックがキャッシュに格納されているので,ヒットのポートからは "1" が出力される.

図 7.16 の回路の働きを少し詳しくみていくことにする.まず,この回路の上部の 4 つの読み出し回路には,それぞれ図 7.15 の第 1 列から第 4 列までの内容が格納されている.これらの読み出し回路はインデックスが入力されると,対応するタグとブロックの内容が出力される.この例のようにインデックス 3 が入力されると,図 7.15 のインデックスが 3 の行の内容が出力される.すなわち,タグのポートからは 3, 6, 4, 0 が出力され,ブロックのポートからは $C(771)$, $C(1539)$, $C(1027)$, $C(0)$ が出力される.なお,これらのブロックの内容は,タグをサフィックスとしてそれぞれ w_3, w_6, w_4, w_0 と表されている.一方,4 つの一致回路は,入力されたタグ 4 が,読み出し回路から出力されたタグ 3, 6, 4, 0 と一致するかどうかを判定するので,それぞれ 0, 0, 1, 0 が出力される.その結果,選択回路からは入力 w_3, w_6, w_4, w_0 の 3 番目 w_4 が出力される.また,この場合入力のタグ 4 と一致するタグが存在したので,ヒットのポートからは "1" が出力される.

また,図 7.17 には第 3 列の読み出し回路に蓄えられている図 7.15 の第 3 列の

7.5 キャッシュ方式

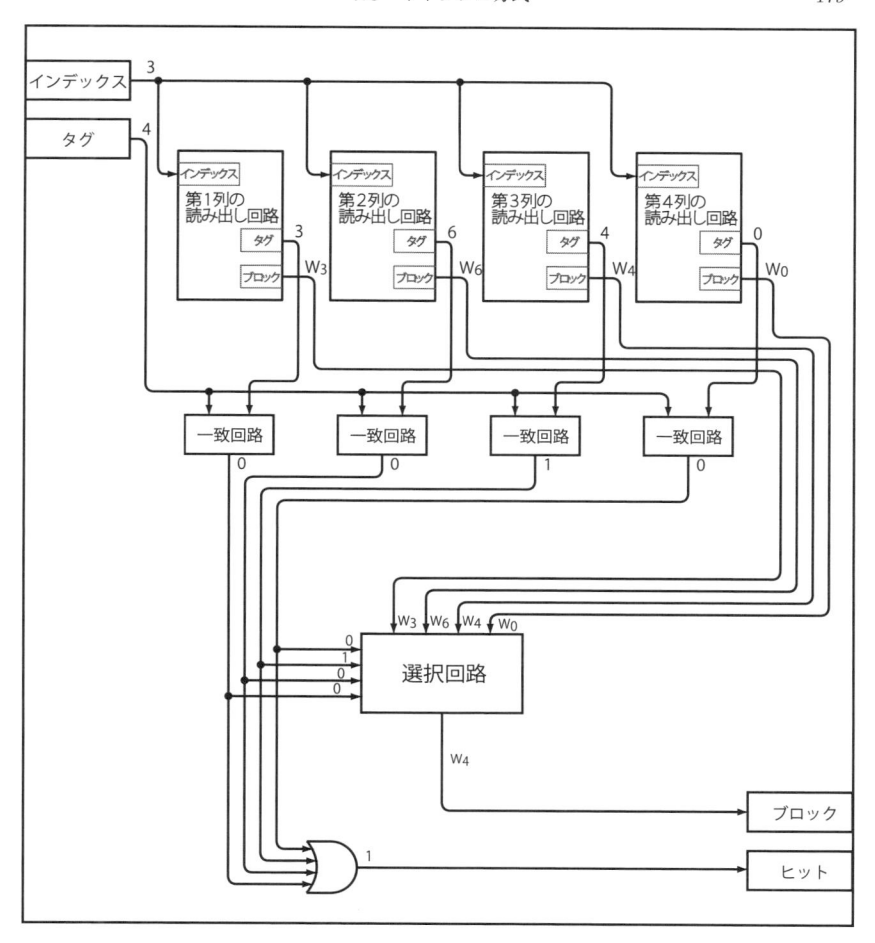

図 7.16 セットアソシアティブ方式に基づいてブロックを検索する回路

内容を 2 進列で表している．$512(= 32 \times 16)$ ビットのブロックの内容 $C(256)$,
$C(0)$, $-$, $C(1027)$, $\ldots$ は，始めと終わりの 3 ビットずつを適当に定め示して
いるに過ぎないのであるが，このように内容を適当に定めたのは，インデック
ス 3 が入力されると，読み出し回路のインデックス 3 の行のタグとブロックの
内容がタグとブロックのポートからそれぞれ出力されることをわかってもらい
たかったからである．

図 7.17 の回路は求めるブロックにいかにアクセスするかに焦点を合わせて示

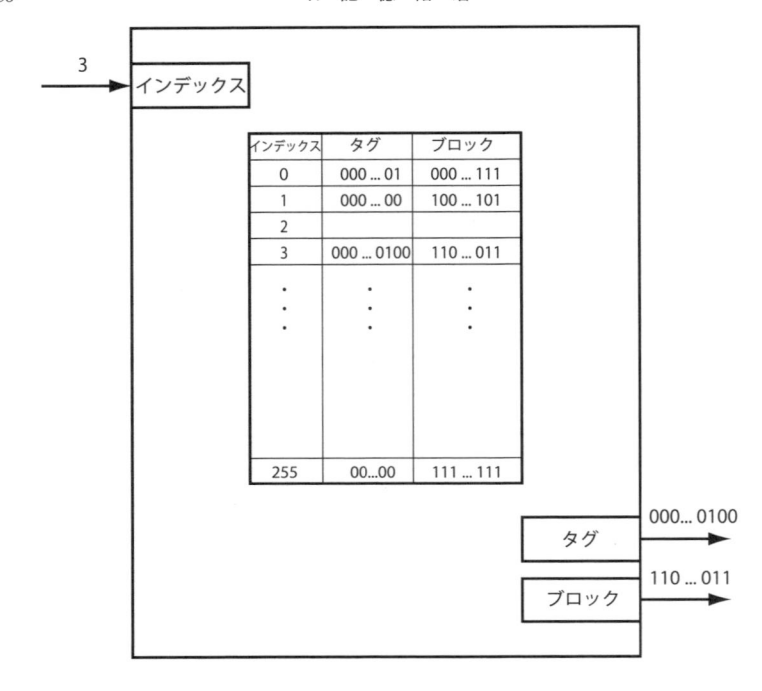

```
          ┌─────────────────────────────────────────┐
     3    │ ┌──────────┐                            │
     ──→  │ │ インデックス │                          │
          │ └──────────┘                            │
          │                                         │
          │    ┌──────┬────────┬─────────┐          │
          │    │インデックス│ タグ  │ ブロック │          │
          │    ├──────┼────────┼─────────┤          │
          │    │  0   │000…01  │000…111  │          │
          │    │  1   │000…00  │100…101  │          │
          │    │  2   │        │         │          │
          │    │  3   │000…0100│110…011  │          │
          │    │  :   │   :    │   :     │          │
          │    │      │        │         │          │
          │    │ 255  │00…00   │111…111  │          │
          │    └──────┴────────┴─────────┘          │
          │                                         │
          │                        ┌────┐  000…0100 │
          │                        │ タグ │ ───────→│
          │                        └────┘           │
          │                        ┌─────┐ 110…011  │
          │                        │ブロック│───────→│
          │                        └─────┘          │
          └─────────────────────────────────────────┘
```

図 **7.17** 第 3 列の読み出し回路

している．そのためこの図の読み出し回路には図 7.15 の有効ビット V や変更ビット（ダーティビット）D も蓄えられているのであるが，これらは省略している．そこで，この小節の最後にこれらの省略したことについて少し説明しておく．

まず，話を簡単にするために取り扱う最小単位をブロックとして説明する．ブロック内の個々のワードにアクセスする必要があるときは，図 7.14 に示すようにアドレスの下位 4 ビットでブロック内のオフセットを与えるので，このオフセットをもとに取り出したブロックの中で必要なワードにアクセスすればよい．

まず，有効ビットに関わる計算で省略されたものについて説明する．ここで説明するのは，求めるブロックがキャッシュに存在しないという判定についてである．次の 2 つの場合にブロックがキャッシュに存在しないと判定される．

第 1 の場合は，入力されたタグと一致するタグがインデックスで指定された行（セット）に存在しない場合である．この場合は，図 7.16 の 4 つの一致回

7.5 キャッシュ方式

路の出力がすべて 0 であるので, ヒットのポートから 0 が出力される. キャッシュ内に存在しないと判定される第 2 の場合は, 選択されたブロックがもともと "有効" ではなかった場合である. この場合は, 図 7.16 の下部の OR ゲートの出力からヒットのポートまでのワイヤに AND ゲートを挿入し, アクセスされたブロックの有効ビットが 0 の場合は, ヒットのポートへ 0 が送られるようにすればよい. そのためには, 4 つの読み出し回路からタグとブロックの出力に加えて, 対応するブロックの有効ビットも出力するようにする必要もあるが, ここでは省略する.

次にこれまでの説明で省略した変更ビットに関して触れておく. 一般に, 主メモリのブロックはある時間間隔にわたってキャッシュに存在する. そして, その間に, ブロックの内容は書き換えられる場合もあれば, 書き換えられない場合もある. キャッシュに書き込みが起こると, そのブロックの内容と主メモリの対応するブロックの内容に不一致が生じる. これらの内容は本来一致していなければならないので, 書き込みの起こったブロックがキャッシュから追い出されるときまでには, 主メモリの対応するブロックの内容を書き換え, この不一致を解消しなければならない. ブロックの変更ビットは, キャッシュのブロックへの書き込みのためその内容に変更が生じ, いずれはその変更された内容を主メモリに書き戻す必要があることを示すものである.

キャッシュと主メモリの内容を整合させる方式には, 主メモリのこの変更をどのタイミングで行うかにより, ライトスルー (write through) とライトバック (write back) と呼ばれる 2 つの方式があり, それぞれ一長一短がある. ライトスルー方式は, キャッシュに書き込みがあった場合はその都度, それに応じて主メモリの内容を書き換えるという方式である. この方式をとれば, キャッシュと主メモリの内容は常に一致しているので, 安全であり, この方式を実施すること自体は難しくはない. しかし, この方式だと, 書き込みのあるたびに, 主メモリにアクセスする必要があり, 主メモリへのアクセスの回数が増え, 時間がかかるという難点がある. 一方, ライトバック方式というのは, あるブロックがキャッシュに存在している間は何度書き込みがあったとしても, それに応じて主メモリを書き換えるということはせず, そのブロックがキャッシュから追い出されることになった時点で主メモリを書き換える方式である. この方式は, 前者の方式に比べ, 主メモリへのアクセスの回数を増やさず時間的な遅れは少ないという利点はあるが, 実際に実現するには制御がたいへんになる

という難点がある．なお，キャッシュのブロックが書き換えられていないのであれば，主メモリに戻す必要はなく，そのブロックが置かれていた場所は空きの場所とみなして使えばよい．

8 コンピュータシステムの制御

　本書ではこれまで，フォンノイマン型アーキテクチャで一つのプログラムがどのように実行されるかに焦点を合せて説明してきた．一方，現代のコンピュータは，磁気ディスク，プリンタ，キーボード，ディスプレイなどの入出力装置からなるひとつのシステムを構成している．しかも一般に複数のプログラムが同時に実行されている．このようにコンピュータシステムはさまざまのものが相互に接続された極めて複雑なシステムである．実際の運用では，複数のプログラムにメモリ，ディスク，キーボード，プリンタ，ディスプレイなどの計算資源を割り当て，全体をうまく管理している．このように全体を管理しているのが，オペレーティングシステム（OS）と呼ばれるプログラムである．この最後の章では，コンピュータシステムの制御に関連することを簡潔に説明する．

8.1 プログラミングにおける階層化と抽象化

　コンピュータが解読し，実行するのは機械語である．一方，人間がアルゴリズムを考え出しプログラムをつくるときは，機械語よりもずっと抽象化されたレベルで計算の流れをイメージし，記述するのに使うのは高水準言語である．コンピュータに関わる基本問題の一つに，高水準言語で書かれたプログラムを実際にコンピュータを動かす機械語で書かれたプログラムにいかに変換するかという問題がある．

プログラミング言語の階層

　人間向きの高水準言語 L_n と機械語 L_0 とのギャップを埋める一つの方法に，図 8.1 のように，L_n と L_0 の間に言語 L_{n-1}, ..., L_1 を導入して，L_m で書かれたプログラムを L_{m-1} で書かれた等価なプログラムに変換することを $m = n$, $n-1$, ..., 1 に対して実行するというアプローチがある．この変換では，L_m の一つの命令を L_{m-1} の命令の系列で同じ働きをするものに置き換えるとい

```
┌─────────┐
│   L_n   │
└────┬────┘
┌────┴────┐
│ L_{n-1} │
└────┬────┘
     ⋮
┌────┴────┐
│   L_1   │
└────┬────┘
┌────┴────┐
│   L_0   │
└─────────┘
```

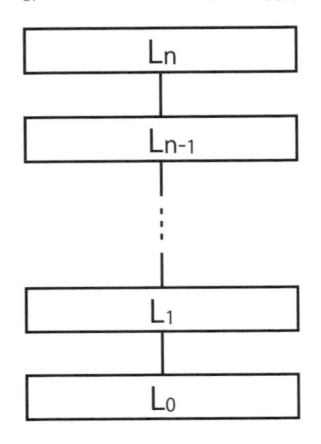

図 8.1　プログラミング言語の階層

うことを行う．このタイプの変換では，一般に L_m と L_{m-1} の言語の違いは小さいものに限定される．しかし，隣り同士の違いは小さいものであっても言語 $L_{n-1}, L_{n-2}, \ldots, L_1$ を導入することによって L_n と L_0 の大きなギャップを埋めることができる．

　プログラミング言語 $L_0, L_1, \ldots, L_n$ の中で，実際にコンピュータのハードウェアの中で実行できるのは機械語 L_0 だけである．もちろんこの言語の階層の中のどんな言語 L_m に対しても，L_m で書かれたプログラムを実際に実行する電子回路をつくることは，原理的には可能ではある．後に説明するように，このような電子回路をつくらなくとも，L_m で書かれたプログラムを実行する方法がある．では，人間向きのプログラミング言語 L_n で書かれたプログラムを実際に実行するにはどのようにすればよいのであろうか．実際にこのプログラムを実行する方法としてコンパイラによるものと，インタプリタによるものの2つの方法がある．次に，これらの方法について説明する．

コンパイラとインタプリタ

　コンパイラとインタプリタは似たようなことを実行するので，その違いがどこにあるのかわかりにくい．以下にその違いも含めて説明するので注意深く読み進めてほしい．

　まず，記号を一般的にして，L を高水準言語，L' を低水準言語とし，L' で書かれたプログラムを実行するコンピュータ M' は存在するとする．問題は L を

用いて書かれたプログラム P を M' を用いていかに実行するかということである．これができれば，上の問いに答えたことになる．というのは，L を L_n とし，L' を L_0 とすればよいからである．コンパイラによる実行の場合は，まず，プログラム P を，言語 L' で書かれそれと等価なプログラム P' に変換し，P' を M' を用いて実行する．このとき，P から P' へ変換するのが，コンパイラである．このことを図 8.2 と図 8.3 にまとめておく．ここで，図 8.3 はフォンノイマン型アーキテクチャ全体を命令メモリ，データメモリ，および残りの部分に分けることとし，残りの部分を実行・制御部として表してある．この実行・制御部は，命令メモリの命令を一つずつフェッチし，それを実行するというサイクルを繰り返す．

実行主体	実行内容
コンパイラ	言語 L で書かれたプログラム P を言語 L' で書かれた等価なプログラム P' に変換する．
M'	P' を実行する．

図 8.2 コンパイラによるプログラム P の実行

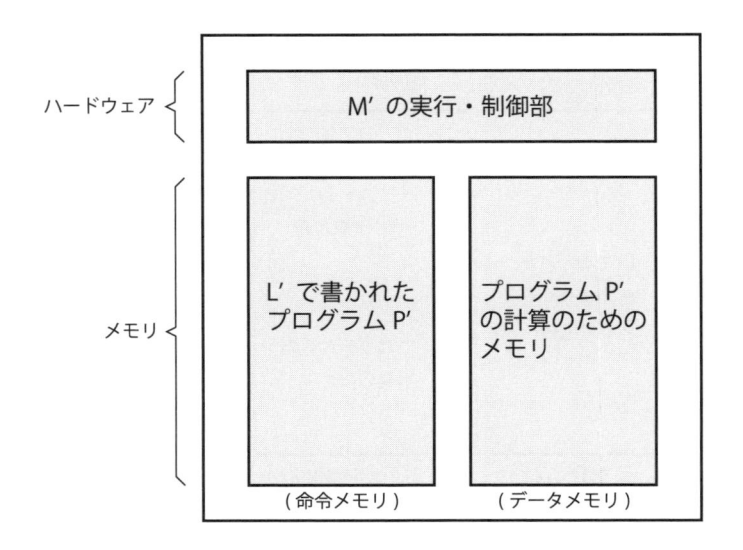

図 8.3 プログラム P を実行するコンピュータ M'

一方，インタプリタによる実行では，言語 L で書かれたプログラムを解釈し実行するプログラムを言語 L' を用いて書き，このプログラムでプログラム P をデータとみなして，その命令を一つずつ実行する．このことを，図 8.4 と図 8.5 にまとめておく．図 8.5 に示すように，言語 L で書かれたプログラム P を解釈し，実行するプログラムが命令メモリに入れてある．この命令メモリのプログラムは，データメモリのプログラム P をデータとみなし，その命令を一つずつフェッチしては実行するということを繰り返す．その実行のために必要なメモリも，データメモリの中に確保しておく．図 8.5 のように表すと，インタプリタは，点線で囲った M' の実行・制御部と M の働きを表すプログラムが格納された命令メモリを合せたものからなるとみなすことができる．ただし，M は L で書かれたプログラムを実行するコンピュータとする．コンパイラの場合

実行主体	実行内容
M'	言語 L' で，M の働きを表すプログラムを書き，このプログラムをプログラム P をデータとして M' 上で実行する．

図 8.4 インタプリタによるプログラム P の実行

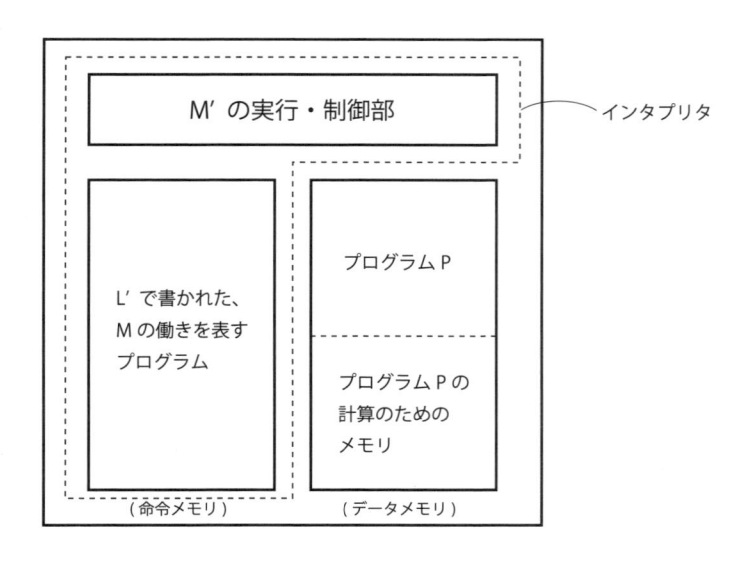

図 8.5 プログラム P を実行する．コンピュータ M' 上に構成された仮想的なコンピュータ M

8.1 プログラミングにおける階層化と抽象化

は，プログラム P をほしいプログラム P' に変換した後は，P は必要なくなるのに対し，インタプリタの場合は，プログラム P の命令を一つずつフェッチしては実行するということを繰り返すので，P をデータメモリに蓄えておく必要がある．コンパイラやインタプリタをどのようにつくるかというテーマは，本書で扱う範囲を超えるので，取り扱わない．しかし，一般に，プログラミング言語はすべて万能であることより，上で述べた働きをするコンパイラやインタプリタを構成することができることを理解してほしい．

　コンパイラが，高水準言語で書かれたプログラム P から低水準言語で書かれた P' へ変換するとするとき，P をソースコードと呼び，P' をオブジェクトコードと呼ぶ．変換で得られるオブジェクトコードは単に機械語命令を並べただけのもので，これを実際に実行するためには，リンクやローディングと呼ばれる操作が必要となる．リンクとは，さまざまのオブジェクトコードをまとめて一本のコードにする操作である．まとめられるコードの中には，個々のソースコードを変換して得られた，元のコードにそれぞれ対応するオブジェクトコードのほか，よく使われるプログラムとして，共通に用意されているライブラリと呼ばれるプログラムのオブジェクトコードもある．呼び出す側のプログラムではライブラリのプログラムを名前で呼び出すが，リンクすることによりその名前のオブジェクトコードが呼び出す側のプログラムに取り込まれ一本のプログラムにまとめられる．一本にまとめられたコードでは，個々のオブジェクトコードを指定する手掛かりは，それらのコードの名前ではなく，一本にまとめられたコードにおける場所（番地）である．リンクされたコードはデスクに蓄えられるが，それをメモリに読み込んで実行する操作がローディング (loading) である．ローディングの操作には，そのコードの実行に必要な領域をメモリの中にあらかじめ確保しておくことなども含まれる．

　以上，高水準言語 L と低水準言語 L' を取り上げ，コンパイラとインタプリタについて説明した．一般に，プログラミング言語が階層 L_n, L_{n-1}, ..., L_0 を構成している場合は，コンパイラによる変換やインタプリタによる解釈・実行を何段階かに分けて実行されることもある．実際，高水準言語 L_n と機械語 L_0 の間に中間語 (intermediate language) L_{inter} を導入し，コンパイラで L_n から L_{inter} へ変換し，それをインタプリタで解釈し，実行するということが多い．個々のコンピュータに固有の処理は，インタプリタの方が対処しやすいからである．

コンパイラにしろ，インタプリタにしろ，その動作をすべて説明するためには膨大な紙面が必要となる．しかし，計算のモデルとしてコンピュータの代わりにチューリング機械を取り上げると，インタプリタの動作のすべてを4，5ページ程度で説明することができる．チューリング機械の場合，命令セットに相当するものが極めてシンプルだからである．興味のある方は，文献[14] の万能チューリング機械を参考にしてほしい．ここで，**万能チューリング機械**（universal Turing machine）とは，すべてのチューリング機械に対して，そのチューリング機械の記述を与えるとインタプリタとして働くことのできる，特定のチューリング機械である．

8.2 マイクロプログラム

マイクロプログラム方式（microprogram）とは，機械語の命令セットの一つ下位のレベルにマイクロ命令セットを導入し，機械語の命令セットの各命令をマイクロ命令の系列として実行する方式である．したがって，フォンノイマン型アーキテクチャでは，機械語命令をフェッチし実行するというサイクルが繰り返されるのに対し，マイクロプログラム方式では，このサイクルにおける個々の機械語命令の実行がさらに小さいマイクロ命令からなるサイクルで実行される．また，機械語命令のコードが命令メモリに蓄えられるのに対し，マイクロ命令のためのサイクルを実行するために，マイクロ命令のコードが読み出し専用メモリ ROM に蓄えられる．

初めに図 8.6 に示すコンピュータを構成する階層について説明する．この図では，これまではなかったマイクロアーキテクチャという層が，新しく導入されている．これは ALU，レジスタ，それにこれらをつなぐワイヤなどのハードウェアのレベルの層である．たとえば，命令

```
add $t1, $t2, $t3
```

は，機械語のレベルのインストラクションであるが，マイクロアーキテクチャのレベルではこの命令をさらに細かい**マイクロ命令**（microinstruction）と呼ばれる命令に分けて捉える．実際，この命令は，レジスタ$t2 と$t3 の値を ALU の入力に移動する，ALU に加算を実行させる，その結果をレジスタ$t1 に書き込むというように，より細かなマイクロ命令に分解される．

8.2 マイクロプログラム

```
┌─────────────────────────┐
│ オペレーティングシステム │
└─────────────────────────┘
            ↑  インタプリンタ＋命令
┌─────────────────────────┐
│        機械語           │
└─────────────────────────┘
            ↑  マイクロプログラム
┌─────────────────────────┐
│   マイクロアーキテクチャ │
└─────────────────────────┘
            ↑  配線論理
┌─────────────────────────┐
│       ハードウェア      │
└─────────────────────────┘
```

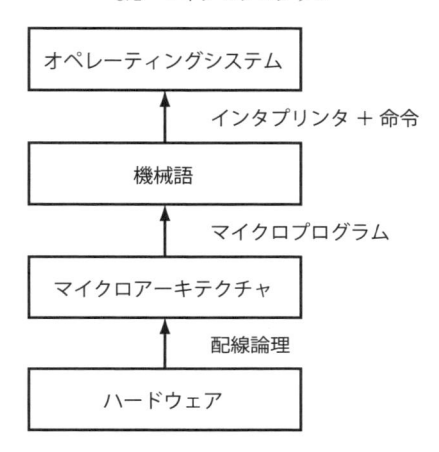

図 8.6　コンピュータを構成する階層

フォンノイマン型アーキテクチャでは，プログラム（機械語命令の系列）がメモリに書き込まれ，プログラムの個々の命令はハードウェア（電子回路）により直接実行される．一方，マイクロプログラム方式は，このプログラムとハードウェアの境界の水準を機械語命令からマイクロ命令に引き下げるものである．ハードウェアによる直接的な実行というのは，演算などの処理，レジスタからデータメモリへのデータの移動，命令の実行順序の制御などを意図したとおりに実行するようにゲートやフリップフロップなどを相互に接続してやることである．これを**配線論理方式**（wired logic）と呼ぶ．これに対して，命令やマイクロ命令のコードをメモリに記憶し，命令を一つずつ読み出して，解釈し，実行するサイクルを繰り返す方式は，**プログラム内蔵方式**と呼ばれる．したがって，上に述べた境界というのは，配線論理方式とプログラム内蔵方式が接するところとみなすこともできる．

図 8.7 にマイクロプログラム方式のコンピュータの構成を示してある．ただし，この図では装置間を結ぶワイヤは省略してある．この図が示すように，マイクロプログラム方式のコンピュータは，図 1.5 の構成に点線で囲ったマイクロプログラム方式のための装置を追加して構成されている．実行制御部とプログラムカウンタは，マイクロプログラム方式では，それぞれ**マイクロプログラムシーケンサ**（microprogram sequencer）と**マイクロプログラムカウンタ** MPC（microprogram counter）に対応する．命令メモリにはプログラムの例が与え

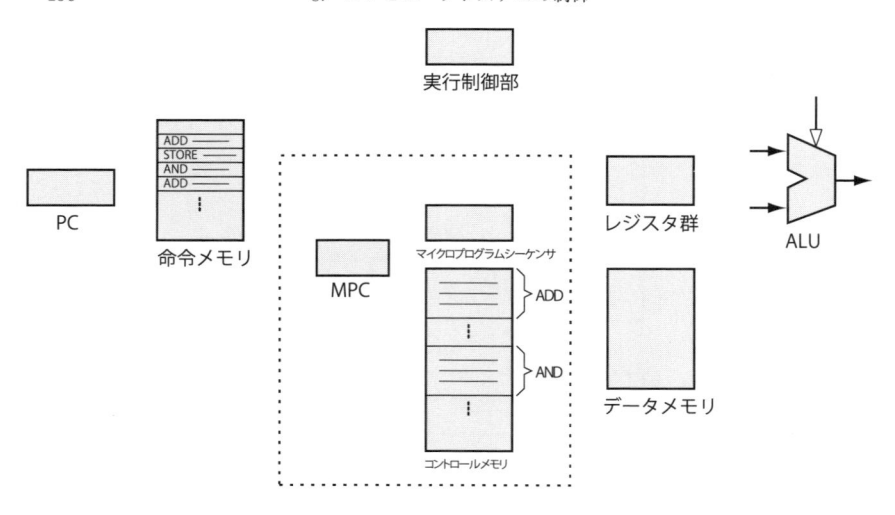

図 8.7 マイクロプログラム方式のコンピュータの構成

られており，コントロールメモリには機械語の個々の命令を表すマイクロプログラム，すなわち，マイクロ命令の系列が蓄えられている．マイクロプログラム方式では，命令メモリから次に実行すべき命令を取り出し，その命令をコントロールメモリの対応するマイクロプログラムで解釈し，実行するということが繰り返し実行される．すなわち，インタプリタとして働くのである．マイクロプログラムシーケンサは，このインタプリタの実行を制御し，MPC はマイクロプログラムに対するプログラムカウンタとして働く．図 8.7 のこれ以上の詳しい説明は省略する．

マイクロプログラムを記憶するのに初めは読み出し専用メモリ ROM (read only memory) が使われ，やがては読み出しと書き込みが可能なランダムアクセスメモリ RAM (random access memory) が使われるようになった．いずれにしても，配線論理方式と同様の性能を得るためにはマイクロ命令の読み出し速度が速い必要がある．

このようにマイクロプログラム方式では，命令の機能を書き込みにより柔軟に変更できるため，命令は次第に高機能で複雑なものとなった．そして，1.3 節で述べた機械語命令に多くの機能をもたせようとする CISC への流れが加速された．この流れに対する反省として現れた RISC ではマイクロプログラムの方式はとらず，通常，配線論理方式がとられる．

8.3 パイプライン

　パイプライン処理方式とは，たとえば，自動車工場の生産ラインのように，一つの処理を小さい処理に分割して，分割した処理を並列に実行することにより，処理の効率を上げる方式である．パイプライン処理は，コンピュータにも取り入れられているが，この場合は，個々の機械語の命令が分割されて処理され，スループットの向上が図られる．ここで，スループット（throughput）とは，単位時間当たりに処理できる命令の個数である．個々の機械語命令は一連の処理を次々と施されて実行される．図 8.8 に，機械語命令の実行のステージをモデル化して示してある．まず，命令がフェッチされ，命令が解釈され，その結果に基づいて実行制御部からさまざまの信号が伝えられ，その信号に基づいて命令が実行され，実行の結果がレジスタ群や PC に書き込まれるという流れである．この図に示される 4 つの段階をステージと呼ぶことにする．ところで，最初のステージで一つの命令のフェッチが終わるとこの部分の仕事は終わるので，次の命令のフェッチを実行することができる．このような事情は他のステージでも同様である．この点に注目して，一つの命令が 4 つのステージすべての完了を待たないで，次々と命令を取り込み処理させることにより，処理のスピードの

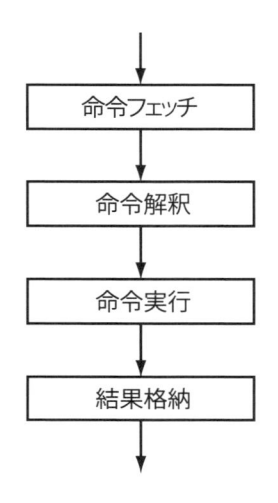

図 8.8　パイプライン処理における 4 つのステージ

```
             スタック
                ↑
命令フェッチ  │ 1 │ 2 │ 3 │ 4 │ 5 │ 6 │ 7 │ 8 │ 9 │10│
命令解釈     │    │ 1 │ 2 │ 3 │ 4 │ 5 │ 6 │ 7 │ 8 │ 9 │   ...
命令実行     │    │    │ 1 │ 2 │ 3 │ 4 │ 5 │ 6 │ 7 │ 8 │
結果格納     │    │    │    │ 1 │ 2 │ 3 │ 4 │ 5 │ 6 │ 7 │
                └─────────────────────────────────────→ 時間
                  1   2   3   4   5   6   7   8   9   10
```

図 8.9　パイプライン処理における命令 $\boxed{1}$, ..., $\boxed{10}$ の伝搬

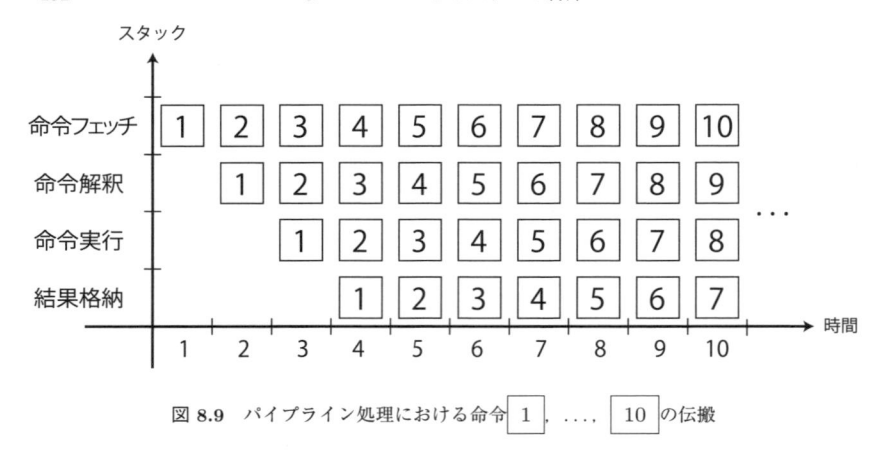

向上を図るのが，コンピュータのパイプライン処理（pipeline processing）である．図 8.9 はパイプライン処理を説明するもので，命令 $\boxed{1}$, $\boxed{2}$, ..., $\boxed{10}$ がそれぞれ 4 つのステージに細分されて次々と伝わっていく様子を示している．

　パイプライン処理方式は，カフェテリア方式のレストランを考えると，イメージしやすい．客が一列に並び進みながら，4 つの窓口からパン，スープ，肉，サラダなどの料理を自分のトレイにのせていくという方式である．この方式を導入しない場合，ひとりの客が 4 つの料理すべてをトレイにのせるまで次の客は待たなければならないが，導入すると，窓口が空いたら次の客がすぐに進むことができる．パイプライン処理を導入することにより，たとえば 100 MIPS（1 秒間に 1 億個の命令を実行）の性能は 400 MIPS に向上する．というのは，4 つのステージに分けたために，4 倍の性能となるからである．しかし，一つの命令の実行（4 つのステージの実行）に要する時間は 10 nsec のままでパイプライン処理を導入しても変わらないことに注意してほしい．と言うのは，100 MIPS の場合，1 命令あたり，$1/(100 \times 百万) = 1/(100 \times 10^6) = 10^{-8} = 10 \times 10^{-9}$ 秒，すなわち，10 ナノ秒を要するからである．この 10 ナノ秒のような待ち時間のことをレイテンシ（latency）と呼ぶ．レイテンシとは，一般に遅延時間や待ち時間のことでいろいろの状況で使われる．パイプライン処理の場合は，一つの命令の実行が開始されてから終了するまでに要する時間である．磁気ディスクの場合は，ヘッドが望みのセクタが存在するトラックに到達した後，ヘッドの真下にそのセクタが来るまでに要する時間である．そのため，磁気ディス

クの場合は，回転待ち時間とも呼ばれる．

　上に説明したことはさまざまのことを前提とした上で成立することに注意しておきたい．たとえば，4つのステージの所要時間は同じと仮定している．また，パイプライン処理のためには細かな制御が必要となる．たとえば，一つの命令がフェッチされたら，直ちに次の命令をフェッチするために，プログラムカウンタの更新のタイミングを早めることも必要となってくる．このようにパイプライン処理導入に伴って，実際にはさまざまのオーバーヘッドが生じることにも注意してほしい．なお，これまで述べてきたパイプライン処理がそのまますべてのタイプの命令に適用できる訳ではない．たとえば，条件分岐命令の場合は，分岐条件が成立するかどうかをまず計算し，その結果を待たないと，次に進むことができない．そのためパイプライン処理が乱され，遅れが生じる．その対拠法もいろいろあるが，その説明は省略する．

8.4　オペレーティングシステム

　本書の主なテーマはフォンノイマン型アーキテクチャでプログラムがどのように実行されるかを説明することである．しかし，現実のコンピュータは，磁気ディスク，プリンタ，キーボード，ディスプレイ，それにネットワークインターフェースとつながれ，コンピュータシステムを構成している．コンピュータシステムは複雑であるが，ユーザは個々の装置の詳細に立ち入ることなく，快適にさまざまの機能を利用できるようになっている．このようにコンピュータシステムが全体としてうまく働くのは，オペレーティングシステム（OS, operating system）と呼ばれるプログラムが命令メモリに入れられ，このプログラムの下で，ユーザが作成したさまざまのプログラムとともに，入出力装置などの周辺装置が管理されているからである．この節では，コンピュータシステムを管理するオペレーティングシステムの基本をごく簡単に説明する．

オペレーティングシステムと割り込み

　現在のコンピュータは複数のユーザにより利用される．これを可能としているのがタイムシェアリング（time sharing）で，個々のユーザプログラムのCPU利用時間を順番に高速で切り換えているからである．各ユーザのプログラムはすべて命令メモリ上に蓄えられ，順番がきたプログラムが実行されるようになっ

ている．オペレーティングシステムは，コンピュータの計算資源をうまく管理するとともに，各ユーザにとって使い勝手の良い機能を提供するように働く．

オペレーティングシステムの働きの基本を理解してもらうために，図書館員のカウンタでの貸し出し業務を例にとり説明する．図書館は閉架式と仮定しよう．蔵書がコンピュータの資源に対応し，図書館のスタッフがOSに対応し，利用者はユーザ，またはユーザプログラムに対応する．図書館側は，図書館の蔵書が全体として有効に利用され，しかも，個々の利用者にとっても行き届いたサービスを提供することを目指す．そのために，たとえば，貸し出し期間は1カ月以内というように取り決める．一方，貸し出しカードに希望の書名などを記入したものをカウンタで提示すれば，スタッフは貸し出し中でないかどうかをチェックした上で，書架から本を探し出してくれる．この場合，利用者にとってはその本が何階のどの部屋のどの書架にあるのかということは知る必要がない．このような細かな情報を利用者から隠すのが，抽象化に相当する．

この図書館の例を使って，オペレーティングシステムの働きについての重要な概念である割り込み (interrupt) について説明する．図書館のスタッフや利用者はそれぞれプログラムに対応し，そのプログラムはスタッフや利用者の一連の行動を表しているとする．OSに対応するカウンタのスタッフは，利用者からの貸し出しや返却の申し出に従って行動する．これらの申し出が割り込みの例である．この割り込みを事象とみなすことにすると，スタッフの行動は事象駆動 (event-driven) と捉えることができる．このように，OSは，割り込みをきっかけとして動作を開始し，その割り込みに対処した後は，次の割り込みを待つということを繰り返す．

上に説明したように，一般に，割り込みを引き起す事象の起こり方は偶発的である．そのため，さまざまの事象の間にあらかじめ優先度を決めておき，この優先度に従って割り込みが実行される．再び図書館を例に取り説明する．今，利用者からの割り込みでカウンタのスタッフが対応している最中に，電話が鳴ったとしよう．これを利用者からの割り込みの最中に，さらに電話の割り込みが入ったと捉える．スタッフは受話器を取り，「今忙しいので，後でこちらから電話する」と言って，電話を切ったとする．すると，電話の割り込みを終了した上で，利用者からの割り込みに戻ることになる．このように，割り込みによる中断と再開は，再帰呼び出しのときのように，入れ子構造となる．図8.10に入れ子構造の割り込みの例を示してある．また，割り込み優先度について例をあ

8.4 オペレーティングシステム

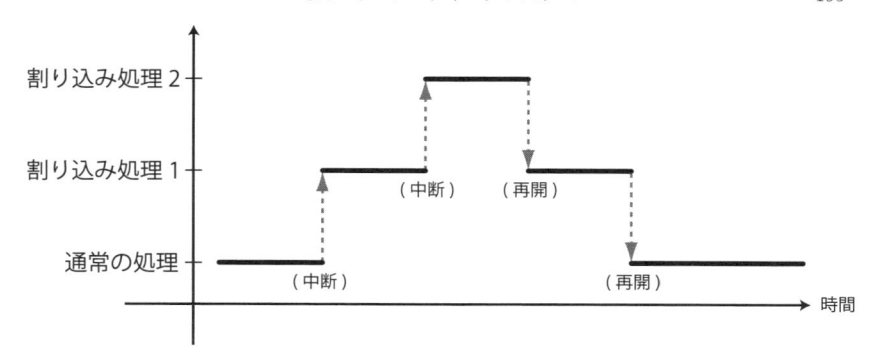

```
割り込み処理2 ─
割り込み処理1 ─              (中断)    (再開)
通常の処理 ─        (中断)                    (再開)
                                                         時間
```

図 8.10 割り込み処理の入れ子構造

げてみよう．たとえば，ぼやの割り込みの優先度は高く決めておき，館内のぼや騒ぎの割り込みに対処中には，利用者の割り込みや電話の割り込みは待機させるようにしておく．

オペレーティングシステムによる制御

これまでの図書館業務のたとえを踏まえた上で，オペレーティングシステムについて説明する．コンピュータシステムにおいては，プロセッサやメモリに，キーボード，ディスプレイ，ハードディスクなどがつながれ，タイムシェアリングでさまざまのプログラムが走っている．各々のプログラムはコンピュータの資源を競って要求する．ここで，計算資源にはCPU，メモリ，入出力装置などがある．実行中のプログラムはそれぞれ固有のメモリ領域があてがわれ，すべてメモリに蓄えられる．このようにメモリ領域は分割してそれぞれのプログラムに割り当てるのと同様に，時間をその流れに沿って分割し，それぞれのプログラムに割り当てる．これを**タイムシェアリング**という．タイムシェアリングでは，高速で切り換えながら，メモリに蓄えられた各プログラムが次々とCPUや入出力装置を使えるようにする．どのプログラムに何を使わせるかを管理するのがオペレーティングシステムである．

コンピュータには，すべての命令の使用が許される**特権モード**（kernel mode）と限定された命令の使用しか許されない**ユーザモード**（user mode）とがある．そして，OSは特権モードで働き，その他のユーザプログラムなどはユーザモードで働く．どの時刻でもその一瞬には，コンピュータではOSかユーザプログ

ラム（または，他のアプリケーションプログラム）のどれか一つが働くので，特権モードとユーザモードの間でモードの切り換えが繰り返し起こる．その様子を図 8.11 に示してある．ただし，話を簡単にするために，コンピュータのプロセッサは 1 個とする．ユーザプログラムにはシステムコールという機械語命令を書くことができ，この命令により割り込みがかかり，OS が起動する．すると，OS のプログラムが特権モードで働く．この割り込み処理が終ると，割り込みを起こしたユーザプログラムのシステムコールの次の命令に制御が移る．ユーザプログラムに制御が移ると，特権モードからユーザモードに切り替わる．

　特権モードでは許されるが，ユーザモードでは許されない命令として入力装置からの読み込みを指示する read 命令や出力装置への書き出しを指示する write 命令がある．たとえば，ユーザプログラムが read 命令を実行したいときは，まずシステムコールし，特権モードにモードの変更を行い，OS に read 命令を実行させる．その場合の処理の様子を図 8.12 に示してある．read 命令の内容は OS 側にコードとして書き込まれており，それが読み出されてハードウェア側が実行するという手順になる．このように，ユーザプログラムを OS プログラムの管理下に封じ込めておき，OS による管理の秩序を乱さないようにしている．これはちょうど，閉架式図書館では，蔵書の紛失や破損を防ぐため，利用者が書架に入ることを禁じ，入れるのは図書館スタッフだけとしていることに相当している．

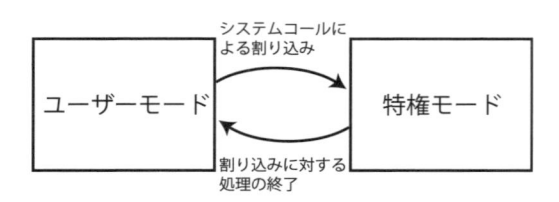

図 8.11　ユーザモードと特権モード

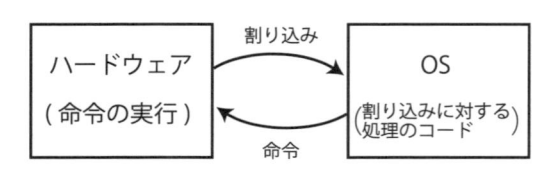

図 8.12　割り込みの処理

これまで述べてきたように OS の下でのコンピュータシステムの動作の特徴として次の 2 点がある．

(1) ユーザモードと特権モードの切り換え
(2) 割り込みによる OS の起動

OS は，どの資源をどのプログラムが占有しているかを常に追跡，管理して，競合する資源の使用要求に対して，これまでのデータを踏まえて諾否の判定をして，有効な資源活用を図るとともに，課金までをも管理している．個々のユーザのプログラムがこれらの仕事に介入すると，全体の秩序が乱れてしまうので，モードの切り換えでそのような事態を避けるのは当然の方策である．

第 7 章までに取り扱ってきたようなフォンノイマン型アーキテクチャで一つのプログラムが実行されている場合は，プログラムカウンタで指示される命令を実行するというサイクルが繰り返される．これに対して，さまざまの入出力装置が接続されたコンピュータシステムでは，複数のプログラムや装置が互いに独立に動作しているので，割り込みに注目し，OS が事象駆動に基づいて動きコンピュータシステムを管理することは自然で合理的と言える．同時に独立に動作しているプログラムや装置のどれもが割り込みをかけられるようにしておき，生起した割り込みを常に監視し，優先度や緊急度の高い割り込みから処理するために，現在実行中の処理を一時中断できるようになっている．このように割り込みを扱うことにより，電源異常などの深刻な障害の優先度を高くし，緊急対応できるようにしている．なお，入出力装置の読み込みや書き出しの処理が終了したら，入出力装置から割り込みを起し，処理の終了を OS が把握できるようにしておく．

システムプログラム

コンピュータで実行されるプログラムはその役割により 2 つに分類される．一つは，コンピュータ自身の動作を管理するプログラムで，システムプログラム（system program）と呼ばれる．他の一つは，ユーザが特定の問題を解くためのプログラムで，アプリケーションプログラム（application program）と呼ばれる．ただし，"特定の問題を解く" を広く解釈し，たとえば，ウェブブラウザだけでなく，ホテル予約などのサービスも広く含むとする．システムプロ

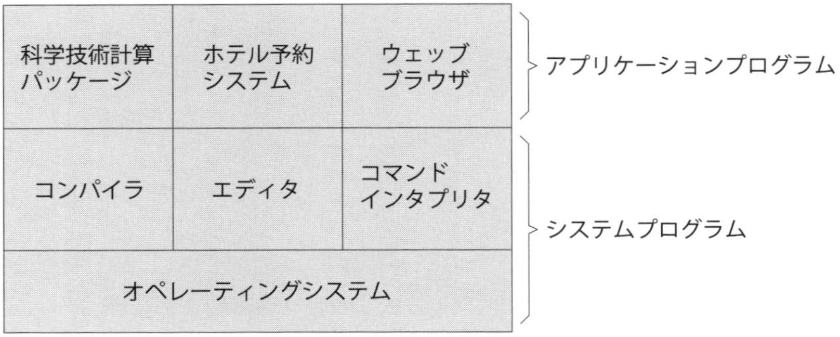

```
┌──────────────┬──────────────┬──────────────┐┐
│ 科学技術計算  │ ホテル予約    │ ウェップ      ││
│ パッケージ    │ システム      │ ブラウザ      │├ アプリケーションプログラム
├──────────────┼──────────────┼──────────────┤│
│              │              │ コマンド      ││
│ コンパイラ    │ エディタ      │ インタプリタ  │├ システムプログラム
├──────────────┴──────────────┴──────────────┤│
│         オペレーティングシステム              ││
└──────────────────────────────────────────────┘
```

図 8.13 システムプログラムとアプリケーションプログラム

グラムの中で基本となるのがオペレーティングシステム OS であり，OS はコンピュータが効率良く働くためのすべての基盤である．OS 以外のシステムプログラムやアプリケーションプログラムは，OS 上で動く．OS はさまざまのプログラムだけではなく，ハードディスク，プリンタ，キーボード，ディスプレイなどの周辺装置やネットワークも含めたコンピュータシステムの基盤として働く．図 8.13 にシステムプログラムやアプリケーションプログラムの例を示している．これらのプログラムの中でコマンドインタプリタは OS に最も近いところで働くと言える．コマンドインタプリタは，ユーザと OS のインタフェイスとして働き，ユーザがコマンドをキーボードで打ち込むとコマンドインタプリタはこれを OS に伝え，このコマンドがシステムコールにより実行される．

8.5 ファイルシステム

日常生活でもさまざまの大量の文書を保存するときは保管の仕方をよく考える必要がある．後でほしい文書を簡単に探せるように整理して保管する必要があるからである．コンピュータで蓄えられる文書の量は極めて膨大であるので，この保管の方法は特に重要となる．ファイルシステムは，文書をファイルと呼ばれるひとまとまりのものとして記憶し，ファイルの追加や探索をするための操作を一般的に定義したものである．メモリやディスク装置などの個々の記憶装置を操作するときに，ファイルシステムという一般的な概念が共通して利用される．

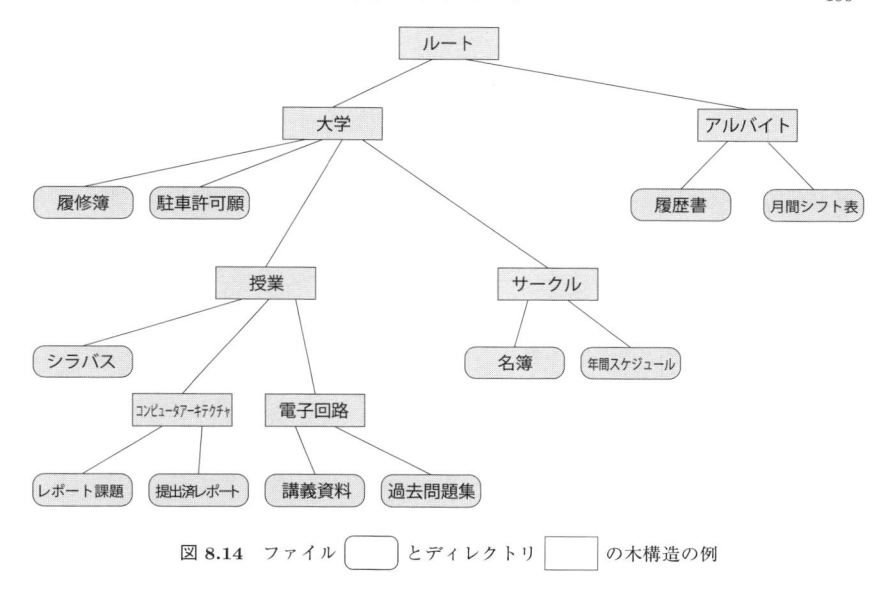

8.5 ファイルシステム

```
                          ルート
                    ／          ＼
                 大学            アルバイト
              ／  ｜  ＼          ／    ＼
        履修簿 駐車許可願       履歴書   月間シフト表
          ／        ＼
        授業        サークル
      ／    ＼      ／    ＼
  シラバス         名簿   年間スケジュール
      ｜
  コンピュータアーキテクチャ  電子回路
      ／    ＼        ／    ＼
  レポート課題 提出済レポート 講義資料 過去問題集
```

図 8.14　ファイル　□　とディレクトリ　□　の木構造の例

ファイルとディレクトリの木構造

　ファイルシステムをつくるに当たって，保管するときのひとかたまりのデータの単位をファイルと呼ぶ．実際には，ファイルの内容はプログラムやデータやテキストなどである．ファイルシステムとは，ディスク上にデータ保管するための仕組みで，データを格納したり検索したりできるように，階層構造にしてファイルを蓄える．類似のファイルを集めてひとまとめにし，ディレクトリをつくり登録する．図 8.14 にファイルとディレクトリの**木構造**の例を示す．ディレクトリもファイルの一つとみなした上で，ディレクトリはファイルの集まりと定義すれば，この定義自体が再帰的なのでこの図の例のように階層構造がつくられる．この図では　□　はディレクトリを表し，　□　はファイルを表す．実際には，ファイルシステムはたとえばディスクに格納される．そのため，個々のファイルと格納場所との対応関係を押えておくことが必要となる．ディレクトリには，実際にはこの対応関係を含めさまざまの情報を記憶しておく．

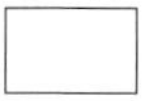

ファイルシステムのインターフェイスとしての役割

　ファイルシステムにはさまざまの操作のための命令が定義されている．ファイルを開く open，ファイルを閉じる close，ファイルからデータを読み込む read，

ファイルにデータを書き込む write などの命令である．ファイルにはあらかじめ名前をつけておいて，これらの命令ではファイル名を引数として指定する．

ファイルシステムはユーザと入出力装置の間のインターフェイスとして働く．インターフェイス（interface）とは，英語の元々の意味は2つのものの境界とか接点とかの意味であるが，コンピュータに関連して用いられるときは，その働きにまで踏み込んで，2つのものを仲介するものという意味で使われることが多い．ファイルシステムというインターフェイスのおかげで，ユーザはディスクの物理的な構造の詳細に煩わされることなく操作することができる．たとえば，ユーザは，ディスクの円盤，トラック，セクタなどの物理構造を意識することなく，上に挙げたファイル操作の命令を使うことができる．ちょうど，機械語というインターフェイスがあるために，ハードウェアの詳細に煩わされることなくプログラムが書けるのと同様である．そして，ファイルシステムという論理構造と実際の記憶媒体の物理構造との対応づけの仕事はOSに委ねている．

8.6 入出力装置の制御

ハードディスクなどの入出力装置は，CPUやメモリなどと同様に重要な計算資源である．OSは，入出力装置に対しても，ユーザプログラムにとって使いやすいデバイスとなるように，また同時に，コンピュータシステム全体としてもデバイスが効率良く使われるように管理する．ここで，入出力装置がユーザプログラムにとって使いやすいというのは，たとえば，ハードディスクに関しては，抽象化により，トラックやセクタを意識することなく，ファイル名を指定して書き込みや読み出しの命令を使うことができるようになっているということである．

入出力装置は，OSからのコマンド（命令）を受け取りデータの転送などをCPUとは独立に実行する．あたかも，命令を解釈し実行する独立した特殊なコンピュータのように働く．入出力装置の計算資源が有効に利用されるように，OSは，ユーザプログラムと入出力装置の間に入り働き，ユーザプログラムが入出力装置を直接制御することはできない．OS側で入出力装置を制御するのはデバイスドライバと呼ばれるプログラムであり，入出力装置側でOSからの制御を受けるのはデバイスコントローラと呼ばれるハードウェアである．デバイスドライバとデバイスコントローラの間の情報の授受は入出力装置の制御レ

ジスタを通して行われる．デバイスドライバは，デバイスに依存しない抽象化した入出力命令をデバイスに固有の命令に変換した上で，デバイスコントローラに送り，それを受けて，デバイスコントローラはデバイスを物理的に制御する．そのため，デバイスドライバは操作対象であるデバイスコントローラに固有のものでなければならない．デバイスドライバは独立したプログラムであるが，対象のデバイスがコンピュータシステムの構成要素として接続された後に，OSに組み込まれるようになっている．

文　　献

　本書ではコンピュータアーキテクチャに関係するさまざまのテーマを扱い，全体を一括して捉えることを試みている．そのため参考にした文献も多岐にわたる．文献[1]は，深い洞察に基づいて実際の技術面にも詳しい著者がコンピュータの構成についてまとめた本格的な名著である．本書でも大変参考にさせていただいた．文献[2]はパタヘネ本として親しまれている定評のある本で，MIPSアーキテクチャについて参考にさせていただいた．これら2つの文献の他にもコンピュータアーキテクチャについて多数出版されている．文献[3],[4]はアーキテクチャ全般についてコンパクトにまとめられていて読みやすい．また，文献[5],[6]はアーキテクチャについて網羅的に述べられており，本書では触れていない技術的な詳細も書かれている．文献[7]は論理回路や機械語命令とその実行について詳しく説明されている．文献[8]は，ハードウェアの基礎がコンパクトにまとめられているが，マイクロプログラムが詳しく述べられている．オペレーティングシステムはハードウェアとソフトウェアをつなぐ重要なテーマであるが，本書では概略を述べるに留めているので，文献も限られた少数のものを挙げるにとどめる．文献[9]はオペレーティングシステムに関する名著であり，第8章で参考にさせていただいた．オペレーティングシステムの本は大部になりがちであるが，文献[10]と文献[11]は独自の視点でコンパクトにまとめてあり，参考にさせていただいた．本書はコンピュータの構造とその計算という視点で内容を選んでいるため，割愛したテーマも多い．文献[12]は，ネットワークや情報論理を含むコンピュータ全般に関するテーマをコンパクトにまとめてある．文献[13]は，コンピュータを計算するものと捉える立場から，興味を引く例も取り上げながら説明している．文献[14]は，コンピュータの計算の理論を扱っており，本書では割愛せざるを得なかった万能チューリング機械も説明している．

1) Andrew S. Tanenbaum, Structured Computer Organization, 5th Edition, Pearson Prentice Hall, 2005.
　邦訳: 長屋高弘，構造化コンピュータ構成　第4版—デジタルロックからアセン

ブリ言語まで—, ピアソン・エデュケーション, 2000.
2) David A. Patterson, John L. Hennessy, Computer Organization & Design, 4th Edition: The Hardware/Sofrware Interface, Morgan Kaufmann Publishers, Inc, 2011.
邦訳: 成田光彰, コンピュータの構成と設計 第4版（上・下）, 日経 BP 社, 2011.
3) 北村俊明, コンピュータアーキテクチャの基礎, サイエンス社, 2010.
4) 尾内理紀夫, コンピュータの仕組み, 朝倉書店, 2003.
5) 馬場敬信, コンピュータアーキテクチャ 改訂3版, オーム社, 2011.
6) 柴山 潔, コンピュータアーキテクチャの基礎, 近代科学社, 2003.
7) 阿曽弘具, デジタル世界の原理を学ぶ コンピュータの基礎, 昭晃堂, 2004.
8) 亀山充隆, デジタルコンピューティングシステム, 昭晃堂, 1999.
9) Andrew S. Tanenbaum, Modern Operating Systems, 3rd Edition, Pearson Prentice Hall, 2007.
邦訳: 水野忠則, 太田 剛, 最所圭三, 福田 晃, 吉澤康文, モダンオペレーティングシステム 原書第2版, ピアソン・エデュケーション, 2004.
10) 大堀 淳, 計算機システム概論—基礎から学ぶコンピュータの原理と OS の構造—, サイエンス社, 2010.
11) 河野健二, オペレーティングシステムの仕組み, 朝倉書店, 2007.
12) 綾 皓二郎, 藤井 龜, コンピュータとは何だろうか 第3版, 森北出版, 2006.
13) 渡辺 治, 教養としてのコンピュータ・サイエンス, サイエンス社, 2001.
14) Akira Maruoka, Concise Guide to Computation Theory, Springer, 2011.
丸岡 章, 計算理論とオートマトン言語理論—コンピュータの原理を明かす—, サイエンス社, 2005.
15) Arthur Burks, Herman Goldstine, John von Neumann, Preliminary discussion of the logical design of an electronic computing instrument, 1946, in Gordon Bell, Allen Newell, Computer Structures: Readings and Examples, McGraw-Hill Book Company, 1971.

結びと謝辞

　この本は，現代のコンピュータを組み立て動かしている方式や技術の核心のアイディアを分かりやすく説明したものである．論理ゲートや機械語命令からコンピュータ全体までの階層の中から重要と思われるものを選び，各階層でどのように組み立て動かしているかを，可能な限り単純化した具体例をつくり説明している．これらの具体例は単純化したと言っても込み入ったものも多いが，多くの図などを手掛かりにしてぜひ一つひとつを実際にたどり，現代のコンピュータの働きのかなめを深いところでつかんでいただきたい．

　東北大学名誉教授の宮城光信氏には，本シリーズの一冊として執筆するように勧めていただき，励ましていただいた．山口大学と岩手大学の元教授の高浪五男氏には，原稿を丁寧に読んでいただき多くのご指摘をいただいた．会津大学の大川知教授には本書の取りまとめについてさまざまの案をご提案いただいた．石巻専修大学の綾皓二郎教授と松蔭大学の藤井龜教授のご厚意により，本書の図7.2として，文献[12]の図のファイルを修正したものを使わせていただいた．九州大学の瀧本英二教授には本書の取りまとめ全般にわたり援助していただいた．瀧本和子さんには大量の原稿のタイプを献身的にやっていただいた．東北大学の船水和義技術職員には原稿取りまとめの技術的な援助をいただいた．また，朝倉書店にはこのシリーズの企画の段階からさまざまのご配慮をいただき，遅筆の著者を終始励ましていただいた．同じく編集部の方々には校正等でお世話になった．

　最後に，本書の執筆を支えてくれた妻麗子，執筆する気力を与え続けてくれた2人の子供，淳と玉枝にありがとうと言いたい．特に，淳には本書の図をつくってもらった．

索　引

欧　文

10 進数　48
16 進数　49
2 次メモリ　124
2 進数　49
2 進接頭辞　18
2 進列　8
2 段回路　73
2 の補数表現　53, 56
8 進数　49

add　131
ALU　9
ALU 制御　149
ALU 制御回路　151
AND ゲート　68, 69
ASCII コード　51

beq　134

CISC　15, 16
CPU　112
CR　52

DRAM　159
D フリップフロップ　102
D ラッチ　102

first-out　22

HDD　160

EEE 標準規格　58
if-then-else　22, 24, 25, 28

I フォーマット　132

j　133
J フォーマット　133

last-in　22, 31
last-out　31
LF　52
LRU　162
lw　132

MERGE-SORT　36
MIPS　16
m 桁の r 進表現　50

NAND ゲート　73
NOR ゲート　73
NOT ゲート　68, 70

OR ゲート　68, 69

PC　11
PC 相対　124, 134, 135
POP　21
PUSH　21

RAM　159
return　21, 24
RISC　15, 16
R フォーマット　130

SAM　159
sll　132
SRAM　159
STACK-EMPTY　20, 22
sub　131

sw   133

TLB   169

VLSI   12

while-do   24, 27
while Q do R 28

XOR ゲート   73

ア 行

アーキテクチャ   1
アクセス   11
アスキーコード   51
アドレス   8
アプリケーションプログラム   197
アルファベット   50
アンダーフロー   22, 59

一致検出回路   88
移動命令   5
入れ子構造   28
インターフェイス   200
インタプリタ   186
インデックス   175
インデント   25

エッジ駆動   103
エンキュー   31
エンコーディング   50
エンコード   86
演算型命令   114, 117
演算命令   5

オーバーフロー   23, 56, 59
オフセット   80, 117, 123
オペコード   131
オペランド   22, 130
オペレーティングシステム   1, 193
オンセット   80

カ 行

階層化   65
階層構造   13
加算回路   90
加算命令   129, 140
仮数   58
仮想アドレス   166
　――と物理アドレスの構成   169
仮想記憶方式   158, 162, 166
仮想コード   38, 39
仮想メモリ   166
仮引数   24
カルノー図   81

木   34
記憶階層   156
記憶回路   63, 66, 97
記憶装置   112
ギガ   18
機械語   129
機械語命令   131
擬似コード   24, 28
基数   50, 58
キャッシュ   156
キャッシュ方式   158, 171
キュー   31
キューブ   80
局所性   161
極大なキューブ   80

空間局所性   162
組み合せ回路   65
クロック   17
クロックサイクルタイム   17
クロック周波数   17
クロックパルス   17, 106

ゲタばき表現   60
ゲートのセット   14

高水準言語   15

索　引

固定小数点表現　57
コード　50
コマンドインタプリタ　198
コンパイラ　38, 42, 185
コンポーネント　13, 65

　　　　　サ　行

再帰呼び出し　36, 41
ラッチ　102
サフィックス　19
算術論理演算器　9

時間局所性　162
磁気ディスク　156, 160
事象駆動　194, 197
システムコール　196
システムプログラム　197
自然言語　15
実アドレス　166
実行制御部　12
実引数　25
実メモリ　166
社員モデル　33, 38
ジャンプ型　114
ジャンプ命令　5, 6, 121, 147
主メモリ　156
順序回路　67
条件分岐型　114
条件分岐命令　6, 121, 144
状態　66
ジョン・ヘネシー　15
シリンダ　160
人工言語　15
真理値表　68

水晶発振器　17
スタック　20
スタックフレーム　41
スタティックRAM　160
ストア　10
ストア命令　120, 144
スループット　191

正規化　58
制御型命令　114, 121
制御命令　5
静的データセグメント　126
静的なデータ　126
積和形　71
セクタ　160
セグメント　126
絶対値表現　53
セット　174
セットアソシアティブ方式　174
全加算器　90
先頭　31

相対番地　117, 123
相対番地方式　117, 123, 144
添字　19
即値　130
ソート　31
ソフトウェア　63

　　　　　タ　行

ダイナミックRAM　159
代入文　25
タイムシェアリング　193, 195
ダイレクトマップ方式　174
タグ　175, 176
ダーティビット　176
多様性　154

チャーチ・チューリングの提唱　153
中央処理装置　112
中間語　187
抽象化　13
チューリング　152
チューリング機械　14, 152
直列接続　71

停止性問題　14
低水準言語　15
ディレクトリ　199

テキストセグメント 126
デキュー 31
デコーディング 50
デコード 86
データ移動型命令 115, 120
データ構造 19
データパス 113
データメモリ 9
手続き 24, 126
デバイスコントローラ 200
デバイスドライバ 200
デマンドページング 162, 164

統一性 154
同期 106
同期方式 17
動的データセグメント 126
動的なデータ 126
特権モード 195
ド・モルガンの法則 84
トラック 160
トレードオフ 61
ドント・ケア 80

ナ　行

流れ図 22
ナノ 18

ニーモニック 118
入出力装置 112
　――の制御 200

ヌルポインタ 128

ネスト 28

ハ　行

配線論理方式 189
排他的論理和 74
バイト 8
パイプライン処理方式 191

配列 19, 20
バス 148
　――の幅 149
ハードウェア 63
ハードディスクドライブ 160
範囲 20
半加算器 90
番地 8
万能 75
万能性 14, 74, 78
万能チューリング機械 188

引数 24
左シフト 118
ビッグエンディアン 125
ヒット 171
否定ゲート 70
ビット 8

ファイルシステム 198
ファンアウト 78
フィールド 41, 129
フェッチ 11
フォンノイマン型アーキテクチャ 1, 6, 14
復号 50
復号化 77
符号化 77
プッシュ 20
物理アドレス 166
物理メモリ 166
浮動小数点数 58
浮動小数点表現 57
プライムインプリカント 81
ブーリアンキューブ 79
フリップフロップ 102
フルアソシアティブ方式 174
プログラミング言語の階層 183
プログラム 4
プログラムカウンタ 11
プログラム内蔵方式 7, 189
プロセサ 1
フローチャート 22
ブロック 172

ブロックフレーム　172
分岐命令　5, 6
分配法則　85

並列接続　71
ページ　162
ページテーブル　166
ページフォルト　162
ベースレジスタ　123
ヘッド　160
ヘルツ　18
変更ビット　176, 181

ポインタ　30
包含的論理和　74
ポップ　20
ポート　178

マ　行

マイクロ　18
マイクロプログラムカウンタ　189
マイクロプログラムシーケンサ　189
マイクロプログラム方式　188, 189
マイクロプロセッサ　12
マイクロ命令　188
マージ　25, 32
マージソート　32
　　——の擬似コード　36
末尾　31
マルチプレクサ　86
マルチプレクサ制御　149

右シフト　119
ミリ　18

無条件分岐命令　6

命令　4
命令実行のサイクル　137
命令セット　14, 115, 152
命令フォーマット　130
命令メモリ　10

メインメモリ　124
メモリの構成　106

木構造　199
モジュール　13, 65
モジュロ　53
モジュロ m の加算　92
戻り番地　41

ヤ　行

有効桁数　58
有効ビット　167, 176, 180
ユーザモード　195

要素　19

ラ　行

ライトスルー方式　181
ライトバック方式　181
ライン　172
ラベル　122

離散回路　65
離散関数　77
離散値　65
リスト　19
リトルエンディアン　125
リレー回路　71
リンク　187

レイテンシ　192
レジスタ　9
レジスタ群　9
レベル駆動　103
連想記憶　171

ローディング　187
ロード　10
ロード命令　120, 142
論理回路　63, 65
論理関数　75

論理ゲート　65, 68
論理式　78
論理積　71, 119
論理積ゲート　69
論理変数　69
論理和　71, 119
論理和ゲート　69

ワ　行

ワーキングセット　163
ワード　8
割り込み　194

著者略歴

丸岡　章（まるおか　あきら）

1942年　埼玉県に生まれる
1977年　東北大学大学院工学研究科博士課程修了
現　在　石巻専修大学理工学部教授
　　　　東北大学名誉教授・工学博士

電気・電子工学基礎シリーズ 17
コンピュータアーキテクチャ
―その組み立て方と動かし方をつかむ―

定価はカバーに表示

2012年11月15日　初版第1刷

著　者　丸　岡　　　章
発行者　朝　倉　邦　造
発行所　株式会社　朝　倉　書　店
　　　　東京都新宿区新小川町6-29
　　　　郵便番号　162-8707
　　　　電　話　03(3260)0141
　　　　FAX　03(3260)0180
　　　　http://www.asakura.co.jp

〈検印省略〉

© 2012〈無断複写・転載を禁ず〉　　中央印刷・渡辺製本

ISBN 978-4-254-22887-8　C 3354　　Printed in Japan

JCOPY　〈(社)出版者著作権管理機構　委託出版物〉
本書の無断複写は著作権法上での例外を除き禁じられています．複写される場合は，そのつど事前に，(社)出版者著作権管理機構（電話03-3513-6969，FAX 03-3513-6979，e-mail: info@jcopy.or.jp）の許諾を得てください．

◆ 電気・電子工学基礎シリーズ ◆
大学学部および高専の電気・電子系の学生向けに平易に解説した教科書

東北大 松木英敏・東北大 一ノ倉理著
電気・電子工学基礎シリーズ2
電磁エネルギー変換工学
22872-4 C3354　　A 5判 180頁 本体2900円

電磁エネルギー変換の基礎理論と変換機器を扱う上での基礎知識および代表的な回転機の動作特性と速度制御法の基礎について解説。〔内容〕序章／電磁エネルギー変換の基礎／磁気エネルギーとエネルギー変換／変圧器／直流機／同期機／誘導機

東北大 安藤 晃・東北大 犬竹正明著
電気・電子工学基礎シリーズ5
高 電 圧 工 学
22875-5 C3354　　A 5判 192頁 本体2800円

広範な工業生産分野への応用にとっての基礎となる知識と技術を解説。〔内容〕気体の性質と荷電粒子の基礎過程／気体・液体・固体中の放電現象と絶縁破壊／パルス放電と雷現象／高電圧の発生と計測／高電圧機器と安全対策／高電圧・放電応用

日大 阿部健一・東北大 吉澤 誠著
電気・電子工学基礎シリーズ6
システム制御工学
22876-2 C3354　　A 5判 164頁 本体2800円

線形系の状態空間表現，ディジタルや非線形制御系および確率システムの制御の基礎知識を解説。〔内容〕線形システムの表現／線形システムの解析／状態空間法によるフィードバック系の設計／ディジタル制御／非線形システム／確率システム

東北大 山田博仁著
電気・電子工学基礎シリーズ7
電 気 回 路
22877-9 C3354　　A 5判 176頁 本体2600円

電磁気学との関係について明確にし，電気回路学に現れる様々な仮定や現象の物理的意味について詳述した教科書。〔内容〕電気回路の基本法則／回路素子／交流回路／回路方程式／線形回路において成り立つ諸定理／二端子対回路／分布定数回路

東北大 安達文幸著
電気・電子工学基礎シリーズ8
通信システム工学
22878-6 C3354　　A 5判 176頁 本体2800円

図を多用し平易に解説。〔内容〕構成／信号のフーリエ級数展開と変換／信号伝送とひずみ／信号対雑音電力比と雑音指数／アナログ変調（振幅変調，角度変調）／パルス振幅変調・符号変調／ディジタル変調／ディジタル伝送／多重伝送／他

東北大 伊藤弘昌編著
電気・電子工学基礎シリーズ10
フォトニクス基礎
22880-9 C3354　　A 5判 224頁 本体3200円

基礎的な事項と重要な展開について，それぞれの分野の専門家が解説した入門書。〔内容〕フォトニクスの歩み／光の基本的性質／レーザの基礎／非線形光学の基礎／光導波路・光デバイスの基礎／光デバイス／光通信システム／高機能光計測

東北大 畠山力三・東北大 飯塚 哲・東北大 金子俊郎著
電気・電子工学基礎シリーズ11
プラズマ理工学基礎
22881-6 C3354　　A 5判 192頁 本体2900円

物質の第4状態であるプラズマの性質,基礎的な手法やエネルギー・材料・バイオ工学などの応用に関して図を多用し平易に解説した教科書。〔内容〕基本特性／基礎方程式／静電的性質／電磁的性質／生成の原理／生成法／計測／各種プラズマ応用

東北大 末光眞希・東北大 枝松圭一著
電気・電子工学基礎シリーズ15
量 子 力 学 基 礎
22885-4 C3354　　A 5判 164頁 本体2600円

量子力学成立の前史から基礎的応用まで平易解説。〔内容〕光の謎／原子構造の謎／ボーアの前期量子論／量子力学の誕生／シュレーディンガー方程式と波動関数／物理量と演算子／自由粒子の波動関数／1次元井戸型ポテンシャル中の粒子／他

東北大 中島康治著
電気・電子工学基礎シリーズ16
量 子 力 学
―概念とベクトル・マトリクス展開―
22886-1 C3354　　A 5判 200頁 本体2800円

量子力学の概念や枠組みを理解するガイドラインを簡潔に解説。〔内容〕誕生と概要／シュレーディンガー方程式と演算子／固有方程式の解と基本的性質／波動関数と状態ベクトル／演算子とマトリクス／近似的方法／量子現象と多体系／他

東北大 塩入 諭・東北大 大町真一郎著
電気・電子工学基礎シリーズ18
画 像 情 報 処 理 工 学
22888-5 C3354　　　　　A 5 判 148頁 本体2500円

人間の画像処理と視覚特性の関連および画像処理技術の基礎を解説。〔内容〕視覚の基礎／明度知覚と明暗画像処理／色覚と色画像処理／画像の周波数解析と視覚処理／画像の特徴抽出／領域処理／二値画像処理／認識／符号化と圧縮／動画像処理

東北大 田中和之・秋田大 林 正彦・東北大 海老澤丕道著
電気・電子工学基礎シリーズ21
電子情報系の 応　用　数　学
22891-5 C3354　　　　　A 5 判 248頁 本体3400円

専門科目を学習するために必要となる項目の数学的定義を明確にし，例題を多く入れ，その解法を可能な限り詳細かつ平易に解説。〔内容〕フーリエ解析／複素関数／複素積分／複素関数の展開／ラプラス変換／特殊関数／2階線形偏微分方程式

東大 中川裕志著
朝倉電気・電子工学講座17
新版 電 子 計 算 機 工 学
22695-9 C3354　　　　　A 5 判 216頁 本体3800円

コンピュータの仕組みを知るための基本的知識の入門書。〔内容〕電子計算機とは／情報の表現と符号／記憶の論理的構造／論理回路／演算装置／中央処理装置／計算機アーキテクチャの展開／主記憶装置／外部記憶装置／入出力／チャネル／他

千葉大 伊藤秀男・前千葉大 倉田 是著
入門電気・電子工学シリーズ8
入 門 計 算 機 シ ス テ ム
22818-2 C3354　　　　　A 5 判 196頁 本体3000円

計算機システムの基本構造，計算機ハードウエア基礎，オペレーティングシステム基礎，計算機ネットワーク基礎等の計算機システムの概要とネットワークOS等について基礎的な内容を具体的にわかりやすく解説。各章には演習問題を付した

農工大 金子敬一・元東京国際大 今城哲二・日大 中村英夫著
入門電気・電子工学シリーズ9
入 門 計 算 機 ソ フ ト ウ エ ア
22819-9 C3354　　　　　A 5 判 224頁 本体3200円

ソフトウエア領域の全体像を実践的に説明し，ソフトウエアに関する知識と技術が獲得できるよう平易に解説したテキスト。〔内容〕データ構造とアルゴリズム／プログラミング言語／基本ソフトウエア／言語処理系／システム事例／他

前筑波大 中澤喜三郎著
計算機アーキテクチャと構成方式
12100-1 C3041　　　　　A 5 判 586頁 本体13000円

著者の40年に及ぶ研究・開発経験・体験を十二分に反映した書。〔内容〕基礎／addressing／register stack／命令／割込み／hardware／入出力制御／演算機構／cache memory／RISC／super computer／並列処理／RAS／性能評価／他

電通大 尾内理勝夫著
情報科学こんせぷつ1
コ ン ピ ュ ー タ の 仕 組 み
12701-0 C3341　　　　　A 5 判 200頁 本体3400円

計算機の中身・仕組の基本を「本当に大切なところ」をおさえながら重点主義的に懇切丁寧に解説〔内容〕概論／数の表現／オペランドとアドレス／基本的演算と操作／MIPSアセンブリ言語と機械語／パイプライン処理／記憶階層／入出力／他

CSK 黒川利明著
情報科学こんせぷつ2
プログラミング言語の仕組み
12702-7 C3341　　　　　A 5 判 180頁 本体3300円

特定の言語を用いることなく，プログラミング言語全般の基本的な仕組を丁寧に解説。〔内容〕概論／言語の役割／言語の歴史／プログラムの成立ち／プログラムの構成／プログラミング言語の成立ち／プログラミング言語のツール／言語の種類

工学院大 曽根 悟訳
図 解 電 子 回 路 必 携
22157-2 C3055　　　　　A 5 判 232頁 本体4200円

電子回路の基本原理をテーマごとに1頁で簡潔・丁寧にまとめられたテキスト。〔内容〕直流回路／交流回路／ダイオード／接合トランジスタ／エミッタ接地増幅器／入出力インピーダンス／過渡現象／デジタル回路／演算増幅器／電源回路，他

電気学会編
電 気 デ ー タ ブ ッ ク
22047-6 C3054　　　　　B 5 判 520頁 本体16000円

電気工学全般に共通する基礎データ，および各分野で重要でかつあれば便利なデータのすべてを結集し，講義，研究，実験，論文をまとめる，などの際に役立つ座右の書。データに関わる文章，たとえばデータの定義および解説を簡潔にまとめた

ペンギン電子工学辞典編集委員会訳

ペンギン電子工学辞典

22154-1 C3555　　　B5判 544頁 本体14000円

電子工学に関わる固体物理などの基礎理論から応用に至る重要な5000項目について解説したもの。用語の重要性に応じて数行のものからページを跨がって解説したものまでを五十音順配列。また、ナノテクノロジー、現代通信技術、音響技術、コンピュータ技術に関する用語も多く含む。また、解説に当たっては、400に及ぶ図表を用い、より明解に理解しやすいよう配慮されている。巻末には、回路図に用いる記号の一覧、基本的な定数表、重要な事項の年表など、充実した付録も収載

東工大 藤井信生・理科大 関根慶太郎・東工大 高木茂孝・理科大 兵庫　明編

電子回路ハンドブック

22147-3 C3055　　　B5判 464頁 本体20000円

電子回路に関して、基礎から応用までを本格的かつ体系的に解説したわが国唯一の総合ハンドブック。大学・産業界の第一線研究者・技術者により執筆され、500余にのぼる豊富な回路図を掲載し、"芯のとおった"構成を実現。なお、本書はディジタル電子回路を念頭に入れつつも回路の基本となるアナログ電子回路をメインとした。〔内容〕I.電子回路の基礎／II.増幅回路設計／III.応用回路／IV.アナログ集積回路／V.もう一歩進んだアナログ回路技術の基本

前電通大 木村忠正・東北大 八百隆文・首都大 奥村次徳・電通大 豊田太郎編

電子材料ハンドブック

22151-0 C3055　　　B5判 1012頁 本体39000円

材料全般にわたる知識を網羅するとともに、各領域における材料の基本から新しい材料への発展を明らかにし、基礎・応用の研究を行う学生から研究者・技術者にとって十分役立つよう詳説。また、専門外の技術者・開発者にとっても有用な情報源となることも意図する。〔内容〕材料基礎／金属材料／半導体材料／誘電体材料／磁性材料・スピンエレクトロニクス材料／超伝導材料／光機能材料／セラミックス材料／有機材料／カーボン系材料／材料プロセス／材料評価／種々の基本データ

東北工大 稲場文男・前阪大 一岡芳樹編

光コンピューティングの事典（普及版）

22152-7 C3555　　　A5判 552頁 本体15000円

より高速・高機能が求められ、そのブレークスルーとしての本技術も成熟しつつあり、その全容につき理論から実際までを詳説したもの〔内容〕概説／光コンピューティングのための光学的基礎／コンピュータアーキテクチャの基礎／ディジタル光コンピューティング／アナログ光コンピューティング／ハイブリッド光コンピューティング／光ニューロコンピューティング／多次元光信号処理／光インタコネクション／ネットワークの光処理技術／機能素子／非線形光技術／応用と将来展望

前京大 茨木俊秀・前阪大 片山　徹・京大 藤重　悟監修

数理工学事典

28003-6 C3550　　　B5判 624頁 本体22000円

数理工学は統計科学、システム、制御、ORなど幅広い分野を扱う。本書は多岐にわたる関連分野から約200のキーワードを取り上げ、1項目あたり2頁前後で解説した読む事典である。分野間の相互関係に配慮した解説、専門外の読者にもわかる解説により、関心のある項目を読み進めながら数理工学の全体像を手軽に把握することができる関係者待望の書。〔内容〕基礎（統計科学、機械学習、情報理論ほか）／信号処理／制御／待ち行列・応用確率論／ネットワーク／数理計画・OR

上記価格（税別）は 2012 年 10 月現在